Hirak Sarkar

Guia para principiantes em eletrónica e robótica

Hirak Sarkar

Guia para principiantes em eletrónica e robótica

Uma abordagem de aprendizagem pela prática

ScienciaScripts

Cover image: www.ingimage.com

This book is a translation from the original published under ISBN 978-620-7-80884-7.

Publisher:
Sciencia Scripts
is a trademark of
Dodo Books Indian Ocean Ltd. and OmniScriptum S.R.L publishing group

120 High Road, East Finchley, London, N2 9ED, United Kingdom
Str. Armeneasca 28/1, office 1, Chisinau MD-2012, Republic of Moldova, Europe
Printed at: see last page
ISBN: 978-620-8-07233-9

GUIA PARA PRINCIPIANTES EM ELECTRÓNICA E ROBÓTICA

Uma abordagem "aprender fazendo"!

Hirak Sarkar, Ph.D.

ACES Infotech Private Limited
71b, Alipore Road, Calcutá, Bengala Ocidental 700027

LAP, Lambert Academic Publishing

Alemanha

Prefácio

O primeiro passo para dominar a robótica é aprender os componentes básicos dos sistemas eléctricos e electrónicos. Começar a trabalhar com circuitos eléctricos e electrónicos é mais fácil do que se pensa! Este livro foi concebido para nos ajudar a compreender os fundamentos para podermos começar a construir circuitos. Não se preocupe - é fácil! Confie em mim! É muito fácil fazer circuitos eléctricos com a ajuda de alguns componentes electrónicos minúsculos. Vamos compreender os componentes e fazer alguns circuitos interessantes e úteis.

No final deste livro, seremos capazes de ler um diagrama simples (chamado esquema) e construir um circuito utilizando componentes electrónicos comuns. Se quiser aprender mais e fazer algumas actividades ou projectos divertidos sobre robótica, também pode ler, compreender e praticar nos nossos próximos livros.

No início, precisamos de conhecer alguns termos básicos relacionados com qualquer circuito elétrico-eletrónico,

(i) Eletricidade, (ii) Circuito, (iii) Resistência, (iv) Ligação em série vs. ligação em paralelo, (v) Componentes básicos, (vi) Resistências, (vii) Condensadores, (viii) Díodos, (ix) Transístores, (x) IC (Circuito Integrado), (xi) Potenciómetro (ou resistência variável) (xii) LED (Díodo Emissor de Luz), (xiii) Interruptores, (xiv) Pilhas, (xv) Placa de Pão, (xvi) Fios, (xvii) Corrente Alternada e Corrente Contínua (AC-DC), (xviii) Motor, (xix) Ligação à Terra, (xx) Ficha de 3 pinos, (xxi) Conceito Alto-Baixo.

Vamos começar uma aventura para criar circuitos que despertem a inovação e dêem asas à nossa imaginação!

Dedicado a

A ACES Infotech Private Limited começou como uma humilde árvore em 1996, sob a liderança visionária de Sir Subhashis Addy. Atualmente, transformou-se numa árvore magnífica com numerosos ramos que estendem a educação, a formação em TI, a multimédia, a formação para o desenvolvimento de competências e a publicação à geração vibrante e empreendedora da Índia. A cada dia que passa, esta organização atinge novas alturas e alcança marcos notáveis.

O extraordinário percurso da ACES Infotech foi profundamente influenciado por Anita Addy, que desempenhou um papel fundamental na orientação da organização ao longo do seu caminho de sucesso. A Sra. Addy, uma trabalhadora social apaixonada e uma educadora distinta, encarna a crença de que o serviço à humanidade é a forma mais verdadeira de devoção a Deus. Os seus esforços humanitários são, sem dúvida, inspiradores.

Temos a grande honra de dedicar este livro à nossa estimada diretora, Anita Addy, em reconhecimento da sua inabalável inspiração para os jovens estudantes e das suas extraordinárias contribuições para a ciência e a sociedade. A sua dedicação incansável e a sua compaixão sem limites continuam a iluminar o caminho para as gerações futuras.

Sobre o autor

Hirak Sarkar é um académico e investigador de renome na área da Engenharia Eletrónica e de Comunicações, com um foco notável em tecnologias avançadas, AR-VR, robótica, fenómenos meteorológicos espaciais e os seus efeitos nos sistemas de comunicação e na humanidade. Desde 2017, é docente da Universidade Techno India no departamento de engenharia eletrónica e de comunicações e actua atualmente como consultor na ACES Infotech Private Limited para o desenvolvimento de um laboratório de robótica e tecnologia avançada, para além de alguns outros trabalhos. Nascido em 15 de outubro de 1993, em Calcutá, Bengala Ocidental, cultivou um profundo conhecimento e experiência no seu domínio através de um rigoroso percurso académico e de investigação. O seu doutoramento sobre a deteção precoce de erupções solares e formação ciclónica sublinhou o seu empenho em fazer avançar a deteção precoce de sistemas tecnológicos para eventos naturais com impacto nas redes de comunicação globais. O seu Mestrado em Engenharia Eletrónica e de Comunicações, pela Techno India University, permitiu-lhe obter uma nota impressionante de 9,0/10, com uma tese sobre deteção remota através de sondas espaciais e satélites. Concluiu o seu B. Tech na Maulana Abul Kalam Azad University of Technology, acrescentando uma base sólida no ensino técnico. Com mais de oito anos de experiência em investigação e mais de sete anos de ensino, tem um extenso historial de publicações, incluindo dez revistas revistas por pares e quatro actas de conferências e um livro intitulado "Todays Biggest Cosmic Mysteries" (Lap Lambert Academic Publishing, Alemanha). Os seus trabalhos, tais como "Studies on Some Aspects of Space Weather and its Effects on

Communication Systems Remote Sensing through Space Probes and Satellites", publicado no Journal of the Indian Society of Remote Sensing, e "Characteristic of Integrated Field Intensity of Atmospherics during Monsoon of West Bengal", reflectem o seu profundo envolvimento com a meteorologia espacial e os seus impactos terrestres. As suas publicações em revistas de grande impacto, como a SN Applied Sciences da Springer, sublinham a qualidade e a relevância da sua investigação. A sua competência técnica é demonstrada pela sua experiência em MATLAB, Python, PSPICE, C++ e tecnologias de desenvolvimento Web, incluindo HTML, CSS e JavaScript. Realizou projectos importantes, tais como "Microcontroller Based Embedded System Design" na Oriens Infotech e "Communication Training" com a Kolkata Metro Railway, reforçando ainda mais os seus conhecimentos práticos e em tempo real. Para além das suas actividades académicas e de investigação, obteve vários prémios e certificações. Concluiu um curso de Hardware de Computador no NIIT, em Calcutá, familiarizando-se desde cedo com a tecnologia e participou ativamente na organização e contribuição para eventos culturais e conferências a nível nacional e internacional. Nomeadamente, alcançou o 3.º lugar no seu lote de M. Tech (2015-17) na universidade e o 2.º lugar no seu departamento, o que evidencia a sua excelência académica. O seu artigo intitulado 'Studies on Solar Radio Signal Variations at Frequencies in the VLF and VHF Bands', recebeu o prémio de melhor artigo na Conferência Internacional de Engenharia Informática, Elétrica e de Comunicações (ICCECE 2017), publicado no IEEE Xplore. Também desempenhou um papel fundamental como mentor, orientando estudantes de graduação e pós-graduação, promovendo um ambiente de discussão e investigação aberto e colaborativo, e garantindo um trabalho de equipa eficaz dentro dos grupos de investigação. O seu papel no planeamento e execução de projectos, como a conceção da antena Log Periodic Dipole Array (LPDA) durante o seu mestrado, demonstra as suas capacidades de liderança e gestão de projectos. A sua vasta experiência, contribuições significativas para a investigação e dedicação à orientação e ao ensino fazem dele uma pessoa distinta no domínio da Engenharia Eletrónica e das Comunicações.

Índice

Capítulo 1 : Eletricidade

A eletricidade é como um poder mágico que faz com que as nossas luzes brilhem, os nossos televisores funcionem e um brinquedo soe com energia. É como a energia invisível que viaja através dos fios para dar vida às coisas [1]. Torna o nosso mundo brilhante e divertido! Basicamente, a eletricidade é o fluxo de partículas minúsculas chamadas electrões. Estes electrões movem-se através de coisas como fios e circuitos, tal como a água flui através dos canos. Quando usamos a eletricidade, por exemplo, quando acendemos uma luz ou usamos um computador, estamos a usar o fluxo destes electrões para alimentar as coisas e fazê-las funcionar [2]. Assim, a eletricidade dá vida aos nossos aparelhos e dispositivos, permitindo que os electrões se desloquem para onde são necessários!

Existem dois tipos de sinais eléctricos que utilizamos (Figura 1), a corrente alternada (CA) e a corrente contínua (CC). Falámos em pormenor da corrente alternada e da corrente contínua no capítulo 17.

Figura 1 Dois tipos de sinais eléctricos que utilizamos, (i) CA (ii) CC

Com a corrente alternada, a eletricidade move-se constantemente para a frente e para trás nos fios, como num jogo de cabo de guerra [3]. A direção do fluxo muda constantemente. Nos Estados Unidos, a eletricidade vai e volta 120 vezes em apenas um segundo. Isso é muito rápido! É como ligar e desligar um interrutor muito rapidamente para que tudo funcione corretamente. Na Índia, a energia também se move para a frente e para trás, mas fá-lo 50 vezes num só segundo. Por isso, muda de direção um pouco mais lentamente do que nos Estados Unidos [4]. É como um ritmo que ajuda tudo nas nossas casas e escolas a funcionar sem problemas.

Com a corrente contínua (DC), a eletricidade move-se sempre numa direção, como se fosse diretamente do lado positivo para o lado negativo de uma pilha. Pode ser verificada com uma ferramenta chamada multímetro, que indica a quantidade de eletricidade existente numa bateria.

Agora, a eletricidade tem duas coisas principais, ou seja, tensão e corrente. A tensão é medida em Volts (V) e a corrente é medida em Amperes (A). Por exemplo, uma pilha nova de 9V tem 9 Volts e cerca de 500 miliamperes (500mA) de corrente. É isso que faz com que coisas como brinquedos e lanternas funcionem! Vamos explicar que os circuitos mais simples utilizam eletricidade de corrente contínua (Capítulo 23). Por isso, vamos continuar a falar de eletricidade DC daqui para a frente.

Também se pode falar de eletricidade em termos de resistência e watts. Aprenderemos mais sobre resistência no Capítulo 3, mas não vamos aprofundar a questão dos watts neste momento. À medida que vamos aprendendo mais sobre a eletricidade, a eletrónica e os seus componentes básicos, vamos encontrando componentes com classificações em watts. Podemos descobrir facilmente quantos watts tem a nossa eletricidade multiplicando os volts e os amperes. Não vamos entrar em pormenores porque é o nosso primeiro passo para aprender eletrónica.

Vamos falar de watts com um exemplo divertido!

Imaginemos que temos um carrinho de brincar que precisa de eletricidade para funcionar. O carro de brincar precisa de 3 watts de potência para se deslocar. Os watts dizem-nos quanta energia é necessária para fazer trabalho. Assim, quando dizemos que o carrinho de brincar precisa de 3 watts, significa que precisa da quantidade certa de eletricidade para se mover e se divertir!

Desperte a sua curiosidade sobre a eletricidade

1.1 O que é a eletricidade?

A nswer: A eletricidade é uma forma de energia que alimenta muitas coisas.

1.2 De onde vem a eletricidade?

Resposta: A eletricidade pode provir de centrais eléctricas, baterias e painéis solares.

1.3 Podemos ver eletricidade?

Resposta: Não, não podemos ver a eletricidade, mas podemos ver o que ela faz.

1.4 O que faz a eletricidade?

Resposta: A eletricidade faz com que coisas como luzes, televisões e brinquedos funcionem.

1.5 O que é uma fonte de energia?

Responder: Uma fonte de energia é algo que fornece eletricidade, como uma bateria.

1.6 O que é uma pilha?

Resposta: Uma pilha armazena eletricidade e alimenta coisas como brinquedos e controlos remotos.

1.7 O que é uma lâmpada eléctrica?

Responder: Uma lâmpada é um dispositivo que se acende quando a eletricidade passa por ela.

1.8 O que é um interrutor?

Responder: Um interrutor é um dispositivo que pode ligar ou desligar a eletricidade.

1.9 O que são fios?

Resposta: Os fios são cordas metálicas que transportam eletricidade de um local para outro.

1.10 O que é um circuito?

Responde: Um circuito é um caminho que a eletricidade segue.

1.11 O que é um circuito aberto?

Resposta: Um circuito aberto é um caminho interrompido onde a eletricidade não pode fluir.

1.12 O que é um circuito fechado?

Responde: Um circuito fechado é um caminho completo onde a eletricidade pode fluir.

1.13 A eletricidade pode atravessar o metal?

Resposta: Sim, a eletricidade pode atravessar o metal muito bem.

1.14 A eletricidade pode atravessar o plástico?

Resposta: Não, a eletricidade não pode atravessar o plástico.

1.15 O que acontece se uma lâmpada se queimar?

Resposta: A lâmpada deixa de funcionar e tem de ser substituída.

1.16 A eletricidade pode fazer as coisas moverem-se?

Resposta: Sim, a eletricidade pode alimentar motores para fazer mover coisas.

1.17 A eletricidade pode produzir sons?

Resposta: Sim, a eletricidade pode alimentar os altifalantes para produzir sons.

1.18 A eletricidade é perigosa?

Resposta: Sim, a eletricidade pode ser perigosa se não for utilizada de forma segura.

1.19 Como podemos estar seguros em relação à eletricidade?

Resposta: Não devemos tocar nas tomadas eléctricas nem brincar com os fios.

1.20 O que é uma tomada eléctrica?

Resposta: Uma tomada eléctrica é um local onde podemos ligar aparelhos para obter eletricidade.

1.21 Podemos armazenar eletricidade?

Resposta: Sim, podemos armazenar eletricidade em baterias (Capítulo 14) e condensadores (Capítulo 7).

1.22 O que é um eletricista?

Resposta: Um eletricista é uma pessoa que trabalha/repara os instrumentos com eletricidade.

1.23 Podemos obter eletricidade a partir do sol?

Resposta: Sim, os painéis solares podem converter a luz solar em eletricidade.

1.24 O que é uma central eléctrica?

Resposta: Uma central eléctrica é um local onde se produz eletricidade para casas e edifícios.

1.25 A eletricidade pode alimentar os automóveis?

Resposta: Sim, alguns automóveis utilizam eletricidade para funcionar.

1.26 Podemos ver eletricidade na natureza?

Resposta: Sim, o relâmpago é uma forma natural de eletricidade.

1.27 A eletricidade pode ser encontrada no nosso corpo?

Resposta: Sim, o nosso corpo utiliza pequenas quantidades de eletricidade para enviar sinais ao nosso cérebro.

1.28 A eletricidade pode ser utilizada para cozinhar alimentos?

Resposta: Sim, os fogões eléctricos e os micro-ondas utilizam eletricidade para cozinhar os alimentos.

1.29 Quais são alguns dos dispositivos que utilizam eletricidade?

Resposta: Dispositivos como televisores, telefones e computadores utilizam eletricidade.

1.30 A eletricidade pode ser produzida pelo vento?

Resposta: Sim, as turbinas eólicas podem transformar o vento em eletricidade.

1.31 A água pode produzir eletricidade?

Resposta: Sim, as centrais hidroeléctricas utilizam a água para produzir eletricidade.

1.32 Porque é que a eletricidade é importante?

Responder: A eletricidade é importante porque alimenta muitas coisas que usamos todos os dias.

Capítulo 2 : Circuitos eléctricos

Imagine um circuito como um caminho que percorre um círculo e permite que a eletricidade se mova. Um circuito fechado significa que a eletricidade pode percorrer todo o caminho desde o início até ao fim, como um círculo [5]. Mas se o circuito estiver aberto, significa que se o círculo não estiver completo, a eletricidade não pode circular porque o caminho está interrompido no meio [6]. A Figura 2 mostra dois exemplos diferentes de circuito fechado e aberto. Quando o circuito faz um círculo completo, o sistema está ligado. Se o círculo se interrompe no meio, então o sistema está desligado [7].

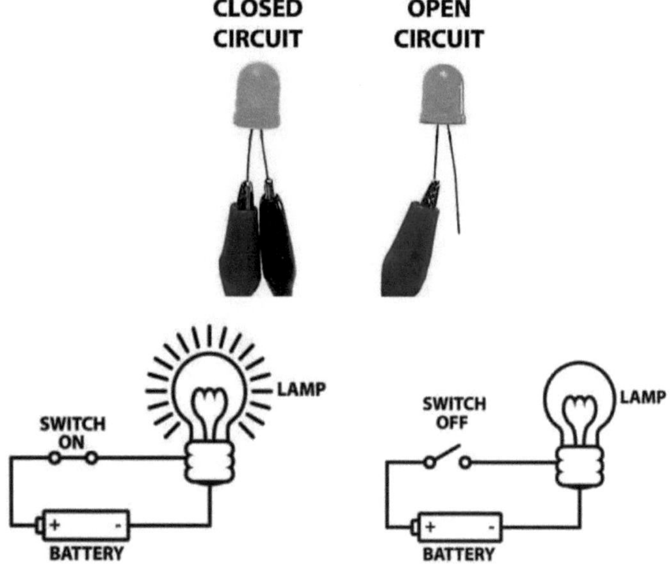

Figura 2 Exemplos de circuito fechado e aberto

Tudo o que faz parte deste sistema fechado e que permite o fluxo de eletricidade entre a energia e a terra é considerado parte do circuito.

Desperte a sua curiosidade sobre o circuito

2.1 O que é um circuito?

A nswer: Um circuito é um caminho para o fluxo de eletricidade.

2.2 O que é que um circuito faz?

Responder: Um circuito ajuda a eletricidade a deslocar-se de um local para outro.

2.3 O que é a eletricidade?

Responder: A eletricidade é uma forma de energia que alimenta muitos aparelhos.

2.4 O que é que precisamos para fazer um circuito?

Resposta: Precisamos de fios, uma fonte de energia e algo para usar a eletricidade, como uma lâmpada.

2.5 O que é uma fonte de energia?

Resposta: Uma fonte de alimentação fornece energia ao circuito, como uma pilha.

2.6 O que é um fio?

Resposta: Um fio é uma corda metálica que transporta eletricidade.

2.7 O que é uma lâmpada eléctrica?

Responder: Uma lâmpada é um dispositivo que se acende quando a eletricidade passa por ela.

2.8 Como é que a eletricidade flui num circuito?

Resposta: A eletricidade flui através dos fios num circuito.

2.9 O que é um circuito aberto?

Resposta: Um circuito aberto é um circuito em que o caminho está interrompido e a eletricidade não pode fluir.

2.10 O que é um circuito fechado?

Responde: Um circuito fechado é um caminho completo onde a eletricidade pode fluir.

2.11 Um circuito pode alimentar um brinquedo?

Resposta: Sim, os circuitos podem alimentar brinquedos electrónicos.

2.12 Um circuito pode iluminar uma sala?

Resposta: Sim, os circuitos podem iluminar as divisões com lâmpadas.

2.13 O que acontece se um fio for cortado num circuito?

Resposta: Se um fio for cortado, o circuito é interrompido e a eletricidade não pode fluir.

2.14 O que é um interrutor?

Responder: Um interrutor é um dispositivo que pode abrir ou fechar um circuito.

2.15 Como é que um interrutor funciona?

Resposta: Um interrutor funciona abrindo ou fechando o circuito.

2.16 Os circuitos podem ser encontrados nos televisores?

Resposta: Sim, os circuitos estão dentro dos televisores para os fazer funcionar.

2.17 Os circuitos têm lados positivos e negativos?

Resposta: Sim, os circuitos têm ligações positivas e negativas, tal como uma bateria.

2.18 Um circuito pode ser pequeno?

Resposta: Sim, os circuitos podem ser muito pequenos, como nos telemóveis.

2.19 Um circuito pode ser grande?

Resposta: Sim, os circuitos podem ser grandes, como nos edifícios.

2.20 Os circuitos podem produzir sons?

Resposta: Sim, os circuitos podem alimentar dispositivos que produzem sons, como os altifalantes.

2.21 Os circuitos podem ser utilizados em computadores?

Resposta: Sim, os circuitos são utilizados nos computadores para os ajudar a funcionar.

2.22 O que é uma resistência?

Responder: Uma resistência é uma parte de um circuito que abranda o fluxo de eletricidade.

2.23 Porque é que usamos resistências?

Responder: Usamos resistências para controlar a quantidade de eletricidade num circuito.

2.24 O que é um condensador?

Responder: Um condensador é um dispositivo que armazena e liberta eletricidade num circuito.

2.25 O que é um díodo?

Responde: Um díodo é uma parte de um circuito que permite que a eletricidade flua numa direção.

2.26 O que é um LED?

Resposta: Um LED é um tipo de luz que se acende quando a eletricidade passa por ele.

2.27 Os circuitos podem ser utilizados em automóveis?

Resposta: Sim, os carros têm circuitos que os ajudam a funcionar.

2.28 Os circuitos podem ser utilizados em aviões?

Resposta: Sim, os aviões têm circuitos para controlar muitas funções.

2.29 O que é uma pilha?

Responder: Uma pilha é uma fonte de energia que fornece eletricidade a um circuito.

2.30 Como é que as pilhas funcionam num circuito?

Resposta: As pilhas fornecem a energia necessária para que a eletricidade circule num circuito.

2.31 Um circuito pode ter mais do que uma lâmpada?

Resposta: Sim, um circuito pode ter várias lâmpadas.

2.32 O que acontece se uma lâmpada se queimar num circuito?

Resposta: Se uma lâmpada se queimar, o circuito pode continuar a funcionar se houver outros caminhos para a eletricidade.

2.33 Os circuitos podem ser encontrados em instrumentos musicais?

Resposta: Sim, os instrumentos musicais electrónicos têm circuitos no seu interior.

2.34 Os circuitos podem ajudar na cozinha?

Resposta: Sim, alguns electrodomésticos de cozinha utilizam circuitos para funcionar.

2.35 O que é uma tomada eléctrica?

Resposta: Uma tomada eléctrica é um local onde podemos ligar aparelhos para obter eletricidade.

2.36 Os circuitos podem ser utilizados em relógios?

Resposta: Sim, os relógios electrónicos têm circuitos para manter o tempo.

2.37 Os circuitos podem fazer as coisas mexerem-se?

Resposta: Sim, os circuitos podem alimentar motores que fazem as coisas moverem-se.

2.38 Os circuitos podem ser encontrados nos telemóveis?

Resposta: Sim, os circuitos estão dentro dos telemóveis para os fazer funcionar.

2.39 Os circuitos precisam de ser ligados?

Resposta: Sim, os circuitos têm de estar ligados para funcionarem corretamente.

2.40 Os circuitos podem ser interrompidos?

Resposta: Sim, os circuitos podem partir-se se um fio for cortado ou se uma peça falhar.

2.41 Podemos construir um circuito com uma pilha e uma lâmpada?

Resposta: Sim, podemos construir um circuito simples com uma pilha e uma lâmpada.

2.42 O que é uma placa de circuitos?

Resposta: Uma placa de circuitos é uma placa plana que contém e liga componentes electrónicos.

2.43 O que é um circuito integrado?

Resposta: Um circuito integrado é uma pequena pastilha que contém muitos circuitos minúsculos.

2.44 Os circuitos podem ser encontrados em tablets?

Resposta: Sim, os tablets têm circuitos no seu interior para funcionarem.

2.45 Os circuitos podem ser utilizados em aparelhos auditivos?

Resposta: Sim, os aparelhos auditivos têm pequenos circuitos que ajudam as pessoas a ouvir bem.

2.46 Os circuitos precisam de eletricidade?

Resposta: Sim, os circuitos precisam de eletricidade para funcionar.

2.47 Os circuitos podem ajudar na segurança?

Resposta: Sim, os circuitos podem alimentar dispositivos de segurança como os alarmes.

2.48 Os circuitos podem ser encontrados nos relógios?

Resposta: Sim, os relógios electrónicos têm circuitos no seu interior.

2.49 Os circuitos podem ser utilizados em brinquedos que se movem?

Resposta: Sim, os circuitos podem alimentar motores em brinquedos móveis.

2.50 O que é um fusível?

Resposta: Um fusível é um dispositivo de segurança que interrompe o circuito se passar demasiada eletricidade.

2.51 Os circuitos podem ser utilizados em frigoríficos?

Resposta: Sim, os frigoríficos têm circuitos para os manter a funcionar.

2.52 Os circuitos podem ser utilizados em máquinas de lavar roupa?

Resposta: Sim, as máquinas de lavar roupa têm circuitos para controlar as suas funções.

2.53 Os circuitos podem ser utilizados em luzes?

Resposta: Sim, os circuitos alimentam as luzes para as fazer funcionar.

2.54 Os circuitos podem ser encontrados em ventoinhas eléctricas?

Resposta: Sim, as ventoinhas eléctricas têm circuitos que as fazem girar.

2.55 Os circuitos podem ser encontrados nos faróis dos automóveis?

Resposta: Sim, os faróis utilizam circuitos para se iluminarem.

2.56 Os circuitos podem ser utilizados em jogos de vídeo?

Resposta: Sim, as consolas de jogos de vídeo têm circuitos para funcionar.

2.57 O que acontece se um circuito ficar demasiado quente?

Resposta: Se um circuito ficar demasiado quente, pode deixar de funcionar ou provocar um incêndio.

2.58 Os circuitos podem ajudar os robots a moverem-se?

Resposta: Sim, os circuitos controlam o movimento dos robots.

2.59 Os circuitos podem ser encontrados em alarmes domésticos?

Resposta: Sim, os alarmes domésticos utilizam circuitos para detetar problemas.

2.60 Os circuitos podem ajudar a abrir portas?

Resposta: Sim, as portas automáticas utilizam circuitos para abrir e fechar.

2.61 Os circuitos podem ser utilizados em calculadoras?

Resposta: Sim, as calculadoras têm circuitos para efetuar cálculos.

2.62 Os circuitos podem ser encontrados em controlos remotos?

Resposta: Sim, os controlos remotos têm circuitos para enviar sinais.

2.63 Os circuitos podem ajudar no aquecimento?

Resposta: Sim, os aquecedores têm circuitos para produzir calor.

2.64 Os circuitos podem ser utilizados em aparelhos de ar condicionado?

Resposta: Sim, os aparelhos de ar condicionado utilizam circuitos para arrefecer as divisões.

2.65 Os circuitos podem ajudar na comunicação?

Resposta: Sim, os circuitos são utilizados em telefones e computadores para a comunicação.

2.66 Os circuitos podem ser encontrados em sistemas de som?

Resposta: Sim, os sistemas de som utilizam circuitos para reproduzir música e sons.

2.67 Os circuitos podem ser utilizados em brinquedos que se iluminam?

Resposta: Sim, os circuitos podem fazer com que os brinquedos se iluminem com LEDs.

2.68 Os circuitos podem ser utilizados em escovas de dentes eléctricas?

Resposta: Sim, as escovas de dentes eléctricas têm circuitos que as fazem mover.

2.69 Os circuitos podem ajudar nos hospitais?

Resposta: Sim, muitos dispositivos médicos nos hospitais utilizam circuitos.

2.70 Podem encontrar-se circuitos em ferramentas eléctricas?

Resposta: Sim, as ferramentas eléctricas têm circuitos para funcionar.

2.71 Os circuitos podem ajudar na calendarização?

Resposta: Sim, os circuitos são utilizados em temporizadores e relógios.

2.72 É possível encontrar circuitos nas trotinetes eléctricas?

Resposta: Sim, as trotinetes eléctricas utilizam circuitos para funcionar.

2.73 Os circuitos podem ajudar a controlar os semáforos?

Resposta: Sim, os semáforos utilizam circuitos para mudar de cor.

2.74 Os circuitos podem ser encontrados em dispositivos GPS?

Resposta: Sim, os dispositivos GPS têm circuitos para localizar locais.

2.75 Os circuitos podem ser utilizados em projectores?

Resposta: Sim, os projectores têm circuitos para apresentar imagens.

2.76 Os circuitos podem ajudar a fazer café?

Resposta: Sim, as máquinas de café utilizam circuitos para preparar o café.

2.77 É possível encontrar circuitos em impressoras?

Resposta: Sim, as impressoras têm circuitos para imprimir documentos.

2.78 Os circuitos podem ser utilizados em elevadores?

Resposta: Sim, os elevadores utilizam circuitos para se deslocarem para cima e para baixo.

2.79 Os circuitos podem ajudar a cozinhar?

Resposta: Sim, os micro-ondas e os fogões utilizam circuitos para cozinhar os alimentos.

2.80 Os circuitos podem ser encontrados em máquinas de venda automática?

Resposta: Sim, as máquinas de venda automática utilizam circuitos para distribuir artigos.

2.81 Os circuitos podem ajudar no exercício físico?

Resposta: Sim, as máquinas de exercício têm circuitos para registar os treinos.

2.82 Os circuitos podem ser utilizados em drones?

Resposta: Sim, os drones têm circuitos para voar e tirar fotografias.

2.83 Os circuitos podem ajudar a medir coisas?

Resposta: Sim, as ferramentas de medição, como os multímetros, têm circuitos.

2.84 É possível encontrar circuitos em guitarras eléctricas?

Resposta: Sim, as guitarras eléctricas têm circuitos para amplificar o som.

2.85 Os circuitos podem ser utilizados em equipamentos de pesca?

Resposta: Sim, alguns equipamentos electrónicos de pesca utilizam circuitos.

2.86 Os circuitos podem ajudar a fazer arte?

Resposta: Sim, algumas ferramentas de arte eletrónica utilizam circuitos.

2.87 Os circuitos podem ser encontrados em relógios inteligentes?

Resposta: Sim, os relógios inteligentes têm circuitos para acompanhar as actividades.

2.88 Os circuitos podem ajudar a controlar os brinquedos à distância?

Resposta: Sim, os brinquedos com controlo remoto utilizam circuitos.

2.89 Os circuitos podem ser utilizados em secadores de cabelo?

Resposta: Sim, os secadores de cabelo utilizam circuitos para soprar ar quente.

2.90 É possível encontrar circuitos em cobertores eléctricos?

Resposta: Sim, os cobertores eléctricos têm circuitos para fornecer calor.

Capítulo 3 : Resistência

Imagine um escorrega no parque infantil. Quando é liso, podemos deslizar rapidamente. Mas se o escorrega for acidentado e áspero, descemos mais devagar [8]. A resistência na eletricidade é como esses solavancos e pontos ásperos. Diminui o fluxo de eletricidade através dos fios. Assim, quando há mais resistência, a eletricidade tem mais dificuldade em mover-se, tal como nós temos mais dificuldade em deslizar num escorrega acidentado [9].

A resistência é como um pequeno ajudante num circuito [10]. Ajuda a utilizar a eletricidade corretamente e, por vezes, evita que o aparelho ou dispositivo se queime [11]. Por exemplo, num circuito com um motor (explicado no Capítulo 18), o motor adiciona resistência. Isto garante que a eletricidade está a ser utilizada para fazer o motor funcionar.

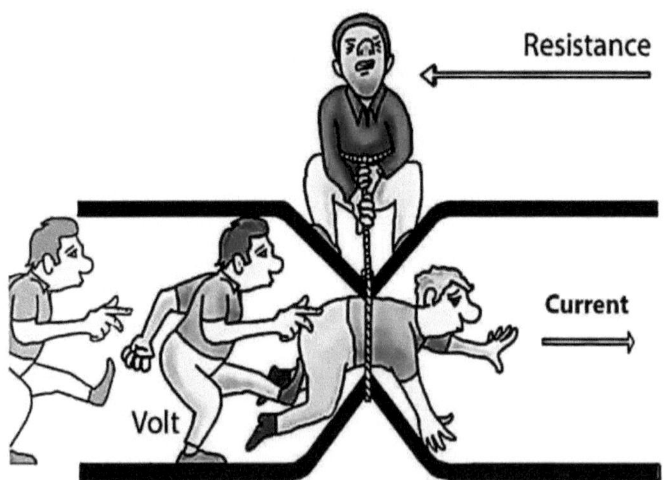

Figura 3.1 A resistência é um obstáculo ao fluxo de electrões (ou corrente) num

material

A Figura 3.1 mostra como a resistência tenta parar a corrente. Precisamos de algo para completar o circuito (completar o círculo, aprendido no Capítulo 2), como um motor ou uma lâmpada, para adicionar resistência e consumir a eletricidade [12]. Se ligarmos o lado positivo diretamente à terra (explicado abaixo na figura 3.2) sem nada no meio, isso causará um problema chamado curto-circuito. Isto é como um grande erro em que a eletricidade vai diretamente do positivo para a terra sem fazer qualquer trabalho. Assim, precisamos sempre de algo no meio de um circuito fechado para utilizar a eletricidade e adicionar resistência para uma utilização adequada da corrente [13].

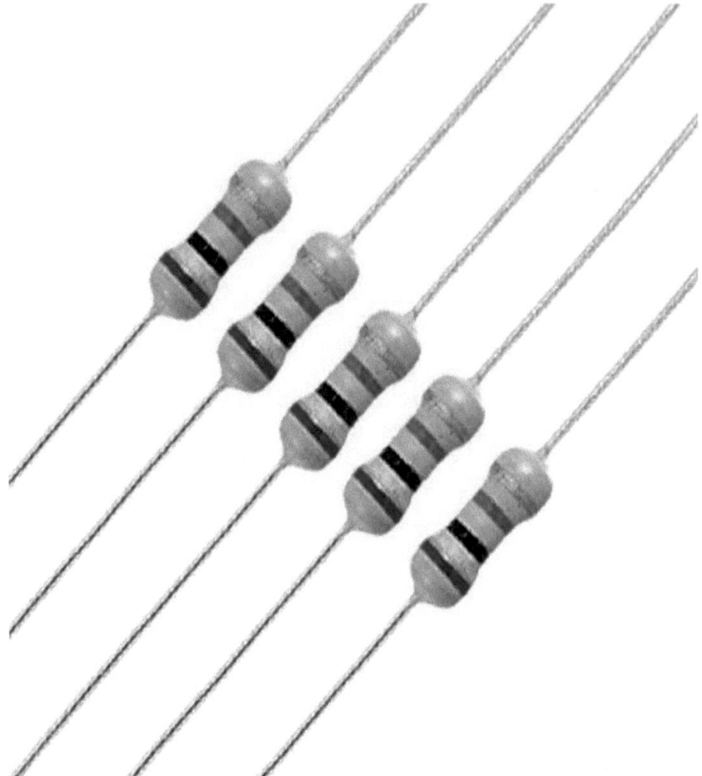

Figura 3.2 Conjunto de 5 resistências eléctricas (explicado no capítulo 6)

Utilizamos resistências para resistir à corrente. Se a eletricidade passar por uma peça (ou várias peças) que não tenha resistência suficiente, pode ocorrer um curto-circuito (que discutiremos mais tarde). Note-se que usamos resistências para produzir resistência num circuito.

Vamos pensar na ligação eléctrica à terra de uma forma simples!

Imagine que o solo é como um local de repouso grande e seguro para a eletricidade (ou electrões). Quando dizemos que algo está "ligado à terra", significa que estamos a dar à eletricidade um lugar seguro para onde ir [5, 14]. É como se lhe déssemos um caminho seguro a seguir para que não cause problemas ou fique presa. A ligação à terra ajuda a manter tudo seguro, garantindo que a eletricidade flui para onde deve.

A ligação direta entre o terminal positivo e a terra provoca um curto-circuito. Os curtos-circuitos são maus porque podem fazer com que a bateria ou o circuito sobreaqueça, se parta, pegue fogo ou até expluda. Podemos compará-lo com o bater do nosso coração. Quando corremos mais depressa, o nosso coração bate mais depressa. Depois de um certo tempo, parece que o nosso coração vai explodir. Por isso, temos de parar e inspirar algum ar (respiração longa) para que o nosso coração volte ao seu ritmo normal. É muito importante evitar curtos-circuitos, assegurando que o lado positivo nunca é ligado diretamente à terra.

Lembre-se que a eletricidade segue sempre o caminho mais fácil para a terra. Isto significa que, se instruirmos a eletricidade ligando um motor ou um fio diretamente à terra, ela escolherá o fio porque tem a menor resistência. Assim, se ligarmos um fio diretamente do positivo ao terra, criamos um curto-circuito. Certifique-se sempre de que não liga acidentalmente o positivo à terra quando estiver a ligar coisas em paralelo. Aprenderemos sobre a ligação em série e em paralelo no Capítulo número 4.

Outra coisa que devemos ter em mente é que um interrutor não acrescenta qualquer resistência a um circuito. A simples adição de um interrutor entre a alimentação e a terra também criará um curto-circuito. Por isso, tenham sempre muito cuidado com as nossas ligações! Vamos usar uma bateria, por isso não nos vai fazer mal, não se preocupem!

Despertar a nossa curiosidade sobre a resistência

3.1 O que é a resistência?

A nswer: A resistência é o grau em que um material ou dispositivo abranda o fluxo de eletricidade.

3.2 O que é que uma resistência faz?

Responder: Uma resistência controla o fluxo de eletricidade num circuito.

3.3 Podemos tocar numa resistência?

Resposta: Sim, as resistências são seguras ao toque porque não transportam eletricidade que nos possa prejudicar.

3.4 O que acontece se adicionarmos mais resistências a um circuito?

Resposta: A adição de mais resistências pode abrandar ainda mais o fluxo de eletricidade.

3.5 Será que vemos resistência?

Resposta: Não, a resistência não é algo que possamos ver com os nossos olhos.

3.6 Todos os materiais têm resistência?

Resposta: Sim, todos os materiais têm alguma resistência à eletricidade.

3.7 O que é um condutor?

Responder: Um condutor é um material que permite que a eletricidade flua facilmente, como os metais.

3.8 O que é um isolante?

Responde: Um isolador é um material que não permite que a eletricidade flua facilmente, como a borracha.

3.9 Podemos encontrar resistência nos objectos do quotidiano?

Resposta: Sim, objectos como lâmpadas e electrodomésticos têm resistência.

3.10 Porque é que usamos resistências nos circuitos?

Responder: Utilizamos resistências para controlar a quantidade de eletricidade que circula num circuito.

3.11 As resistências tornam os circuitos mais luminosos ou mais fracos?

Resposta: As resistências podem tornar os circuitos mais fracos, reduzindo a quantidade de eletricidade que os atravessa.

3.12 Podem encontrar-se resistências em brinquedos?

Resposta: Sim, os brinquedos com luzes ou sons podem utilizar resistências.

3.13 As resistências são importantes na eletrónica?

Resposta: Sim, as resistências são importantes para que a eletrónica funcione corretamente.

3.14 Podemos alterar a resistência num circuito?

Resposta: Sim, ao adicionar ou remover resistências, podemos alterar a resistência num circuito.

3.15 As resistências aquecem?

Resposta: Sim, as resistências podem aquecer quando a eletricidade passa por elas.

3.16 Podemos encontrar resistências nos telemóveis?

Resposta: Sim, os telefones utilizam resistências para controlar os sinais e a potência.

3.17 As resistências podem ser de cores diferentes?

Resposta: Sim, as resistências são frequentemente marcadas com bandas coloridas para mostrar o seu valor de resistência.

3.18 Podemos encontrar resistências nos computadores?

Resposta: Sim, os computadores utilizam resistências nos seus circuitos para processar a informação.

Capítulo 4 : Ligações em série e em paralelo

Existem duas formas de ligar coisas (ou componentes) entre si, ou seja, em série e em paralelo.

Quando as coisas são ligadas em série, são ligadas uma após a outra. Isto significa que a eletricidade passa primeiro por um elemento (ou componente), depois pelo seguinte, e depois pelo seguinte [15].

Na Figura 4.1, o fio vermelho está ligado ao lado positivo (+) da bateria e o fio preto está ligado ao lado negativo (-) da bateria. O motor, o interruptor e a bateria estão ligados em série porque a eletricidade só pode passar da bateria para o interrutor (botão azul-prateado) e depois para o motor (caixa preta de forma quadrada).

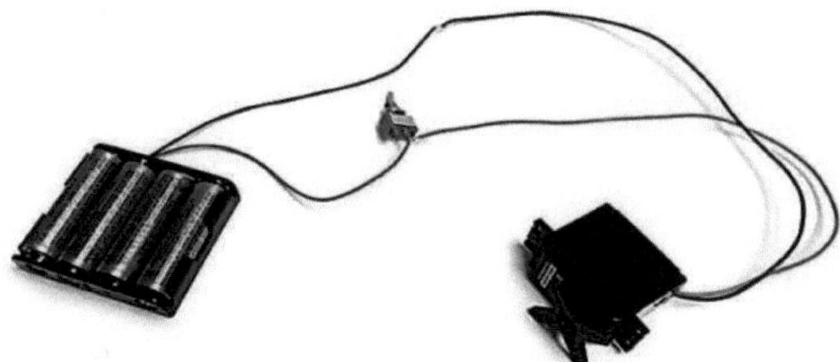

Figura 4.1 Ligação em série

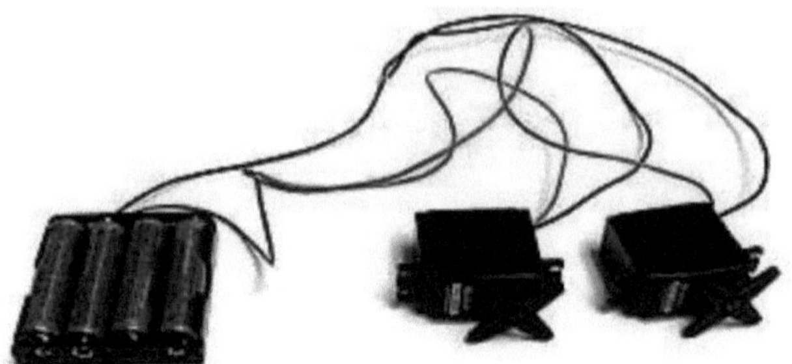

Figura 4.2 Ligações em paralelo

Quando as coisas são ligadas em paralelo, estão ligadas lado a lado [16]. Isto significa que a eletricidade passa por todos eles em conjunto, de um ponto partilhado para outro ponto partilhado. Na Figura 4.2, os motores estão ligados em paralelo porque a eletricidade passa pelos dois motores ao mesmo tempo.

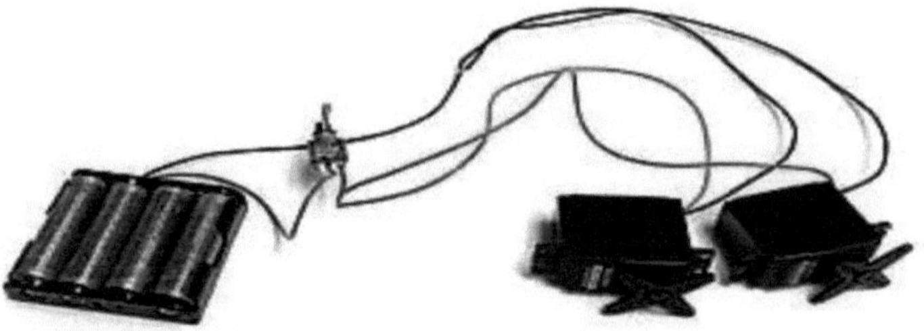

4.3 Ligação em série e em paralelo

Na Figura 4.3, os motores também estão ligados em paralelo, mas o par de motores, o interrutor e as baterias estão todos ligados em série. Isto significa que a corrente se divide entre os motores de uma forma paralela, mas continua a passar por cada parte do circuito numa fila, ou seja, da bateria para o interrutor e para o motor (ligação em série). Ambos os motores recebem a mesma corrente ao mesmo tempo, pelo que se trata de uma ligação em paralelo. A figura 4.4 mostra uma atividade sobre circuitos em série e em paralelo. Se isto ainda parece confuso, não te preocupes! Quando começarmos a fazer os nossos próprios circuitos (Capítulo 17), tudo começará a fazer mais sentido.

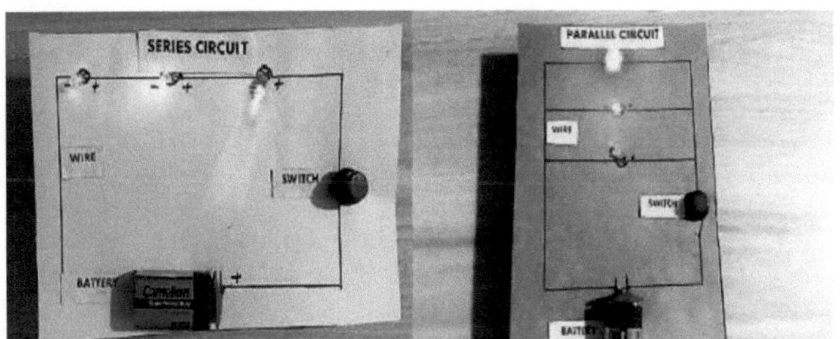

Figura 4.4 Ligação em série e em paralelo com LED, bateria e interrutor

Desperte a sua curiosidade sobre a ligação em série e em paralelo

4.1 O que é uma ligação em série?

Resposta: Uma ligação em série é quando os componentes são ligados um após o outro numa única linha.

4.2 O que é uma ligação paralela?

Resposta: Uma ligação em paralelo é quando os componentes são ligados lado a lado em trajectos separados.

4.3 Como se comportam as luzes numa ligação em série?

Resposta: Se uma luz de uma ligação em série se apagar, todas as luzes se apagam.

4.4 Como se comportam as luzes numa ligação em paralelo?

Resposta: Se uma luz de uma ligação em paralelo se apagar, as outras luzes mantêm-se acesas.

4.5 As baterias podem ser ligadas em série?

Resposta: Sim, as pilhas podem ser ligadas em série para aumentar a tensão.

4.6 As baterias podem ser ligadas em paralelo?

Resposta: Sim, as pilhas podem ser ligadas em paralelo para aumentar a corrente.

4.7 O que acontece ao brilho das lâmpadas numa ligação em série se forem adicionadas mais lâmpadas?

Resposta: As lâmpadas ficam mais fracas porque partilham a mesma corrente.

4.8 O que acontece ao brilho das lâmpadas numa ligação em paralelo se forem adicionadas mais lâmpadas?

Resposta: A luminosidade de cada lâmpada mantém-se igual porque cada uma tem a sua própria trajetória.

4.9 Que tipo de ligação é utilizado na maioria das cablagens domésticas?

Resposta: A maior parte da cablagem doméstica utiliza ligações paralelas.

4.10 Em que ligação é que a eletricidade tem apenas um caminho para fluir?

Resposta: Numa ligação em série, a eletricidade tem apenas um caminho para fluir.

4.11 Em que ligação é que a eletricidade tem múltiplos caminhos para fluir?

Resposta: Numa ligação em paralelo, a eletricidade tem vários caminhos para fluir.

4.12 O que acontece se um componente de uma ligação em série se partir?

Resposta: Se um componente de uma ligação em série se partir, todo o circuito deixa de funcionar.

4.13 O que acontece se um componente de uma ligação em paralelo se partir?

Resposta: Se um componente de uma ligação em paralelo se partir, o resto do circuito continua a funcionar.

4.14 As resistências podem ser ligadas em série?

Resposta: Sim, as resistências podem ser ligadas em série.

4.15 As resistências podem ser ligadas em paralelo?

Resposta: Sim, as resistências podem ser ligadas em paralelo.

4.16 As ligações em série aumentam a resistência?

Resposta: Sim, as ligações em série aumentam a resistência.

4.17 As ligações em paralelo diminuem a resistência?

Resposta: Sim, as ligações em paralelo diminuem a resistência.

4.18 Que ligação é melhor para partilhar a carga de forma igual?

Resposta: As ligações em paralelo são melhores para partilhar a carga de forma igual.

4.19 Qual é a ligação utilizada nas luzes de Natal em que, se uma se apagar, as outras também se apagam?

Resposta: As ligações em série são utilizadas neste tipo de luzes de Natal.

4.20 Que ligação é utilizada nas luzes de Natal em que uma lâmpada fundida não afecta as outras?

Resposta: As ligações paralelas são utilizadas nestas luzes de Natal.

4.21 Qual é um exemplo de uma ligação em série em casa?

Resposta: Um exemplo de uma ligação em série em casa pode ser as luzes de Natal à moda antiga.

4.22 Qual é um exemplo de uma ligação paralela em casa?

Resposta: Um exemplo de uma ligação em paralelo em casa são as tomadas eléctricas.

4.23 Que tipo de ligação permite que cada componente funcione de forma independente?

Resposta: As ligações em paralelo permitem que cada componente funcione de forma independente.

4.24 Que tipo de ligação significa que todos os componentes dependem uns dos outros para funcionar?

Resposta: As ligações em série significam que todos os componentes dependem uns dos outros para funcionar.

4.25 As ligações em série aumentam a tensão total?

Resposta: Sim, as ligações em série podem aumentar a tensão total.

4.26 As ligações em paralelo aumentam a corrente total?

Resposta: Sim, as ligações em paralelo podem aumentar a corrente total.

4.27 Que tipo de ligação é mais fiável para alimentar dispositivos?

Resposta: As ligações em paralelo são mais fiáveis para alimentar dispositivos.

4.28 Os interruptores podem ser utilizados em ligações em série e em paralelo?

Resposta: Sim, os interruptores podem ser utilizados tanto em ligações em série como em paralelo para controlar circuitos.

Capítulo 5 : Componentes básicos

Para construir circuitos, é necessário conhecer alguns componentes simples dos circuitos. Estes componentes são muito importantes para projectos de eletricidade e eletrónica [17, 18]. Quando compreendemos o funcionamento destes componentes básicos, podemos fazer muitas coisas interessantes com a eletrónica.

Figura 5 Componentes básicos utilizados num circuito

Todos os componentes básicos que analisámos nos últimos capítulos.

Vamos mergulhar neles!

Capítulo 6 : Resistências

As resistências são os componentes dos circuitos que abrandam o fluxo de eletricidade [19, 20]. Nos diagramas de circuito apresentados na Figura 6.1, têm o aspeto de linhas onduladas com números ao lado.

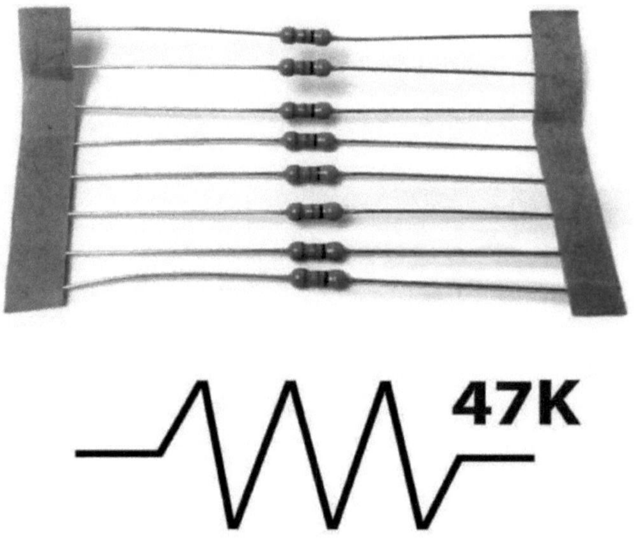

Figura 6.1 Conjunto de oito resistências e linha ondulada com número para representação

As resistências têm cores diferentes que indicam o seu valor (ver figura 6.1). Lemos estas cores da esquerda para a direita até chegarmos à faixa dourada. As duas primeiras cores indicam o número, a terceira cor indica a multiplicação desse número e a quarta (dourada) indica a precisão da resistência! Não percebi bem! Vamos fazer um cálculo para perceber isto (ver página 28). Existe um código de cores fixo para calcular a resistência de uma resistência, apresentado na Figura 6.2. A unidade de medida da resistência é o "ohm", ou seja, 1 ohm, 3 ohm, etc. O símbolo do ohm é Ω.

Para a maioria dos pequenos circuitos com pilhas, as resistências de 1/4 de watt são normalmente boas. Eles podem lidar com a quantidade de eletricidade que passa por eles sem ficar muito quente. Lembre-se, as resistências ajudam a controlar a quantidade de eletricidade que passa por um circuito [21]. São importantes para garantir que tudo funciona corretamente, como luzes e sons em brinquedos ou telefones, etc.

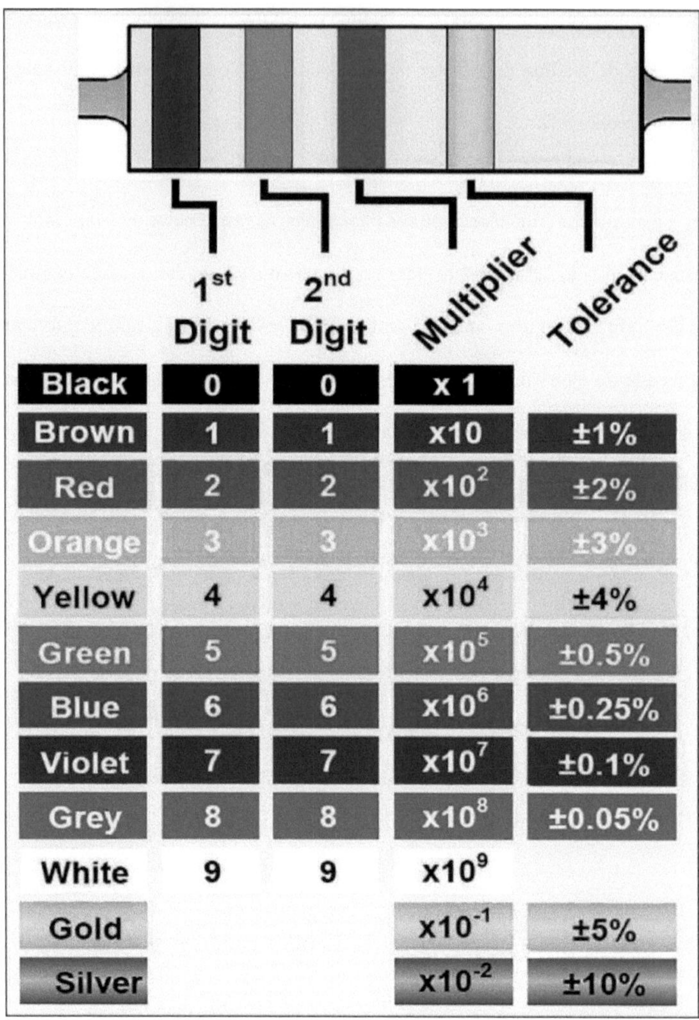

	1st Digit	2nd Digit	Multiplier	Tolerance
Black	0	0	x 1	
Brown	1	1	x10	±1%
Red	2	2	$x10^2$	±2%
Orange	3	3	$x10^3$	±3%
Yellow	4	4	$x10^4$	±4%
Green	5	5	$x10^5$	±0.5%
Blue	6	6	$x10^6$	±0.25%
Violet	7	7	$x10^7$	±0.1%
Grey	8	8	$x10^8$	±0.05%
White	9	9	$x10^9$	
Gold			$x10^{-1}$	±5%
Silver			$x10^{-2}$	±10%

Figura 6.2 Tabela de código de cores para calcular a resistência de um resistor de quatro cores

Vejamos um exemplo para calcular o valor de uma resistência com as bandas de cor castanha, verde, vermelha e dourada (figura 6.2). Podemos usar a tabela de código de cores para resistências [22]. Cada cor representa um número e um multiplicador específicos, e a faixa dourada representa a tolerância.

Cálculo da resistência:

Primeiro dígito: Castanho = 1

Segundo dígito: Verde = 5

Multiplicador: Vermelho = 10^2 = 100

Tolerância: Ouro = ± 5%

Assim, o valor é calculado da seguinte forma:

(15×100)Ω =1500 Ω

Cálculo da tolerância:

A tolerância indica-nos o quanto a resistência real pode variar em relação ao valor indicado: ± 5%

5% de 1500 Ω = 0,05×1500 = 75 Ω

Por conseguinte, o valor da resistência pode variar entre:

1500 Ω - 75 Ω = 1425 Ω

1500 Ω + 75 Ω = 1575 Ω

Finalmente, o valor da resistência é de 1500 Ω (1,5 KΩ) com uma tolerância de ± 5%

Se uma resistência tiver mais de 1.000 ohms, utilizamos a letra K para a abreviar. Por exemplo, 1.000 ohms é 1K, 3.900 ohms é 3,9K e 470.000 ohms é 470K.

Se os ohms forem superiores a um milhão, usamos a letra M. Por exemplo, 1.000.000 ohms torna-se 1M. Estas são apenas formas de escrever o quão forte é a resistência!

Desperte a sua curiosidade sobre resistências

6.1 O que é uma resistência?

A nswer: Uma resistência é um componente de um circuito elétrico que limita o fluxo de corrente eléctrica.

6.2 Qual é o símbolo de uma resistência?

Resposta: O símbolo de uma resistência é semelhante a uma linha em ziguezague (-/\/\/\/\-).

6.3 Porque é que precisamos de resistências nos circuitos?

Resposta: Precisamos de resistências para controlar a quantidade de corrente que circula num circuito e para proteger outros componentes de receberem demasiada corrente.

6.4 O que são as riscas coloridas numa resistência?

Resposta: As riscas coloridas indicam-nos a resistência que a resistência tem.

6.5 Como é que uma resistência funciona?

Resposta: Uma resistência funciona convertendo energia eléctrica em energia térmica quando a corrente eléctrica passa através dela, restringindo o fluxo de electrões.

6.6 De que são feitas as resistências?

Resposta: As resistências são feitas de materiais que resistem ao fluxo de eletricidade, como o carbono, o metal ou uma combinação de materiais.

6.7 Como é que medimos a resistência?

Resposta: A resistência é medida em ohms (Ω) utilizando um dispositivo chamado multímetro.

6.8 O que acontece se ligarmos uma resistência a um circuito?

Responder: A ligação de uma resistência a um circuito limita a quantidade de corrente que passa pelo circuito, controlando o fluxo de eletricidade.

6.9 O que acontece se não usarmos uma resistência num circuito?

Resposta: Se não usarmos uma resistência, pode fluir demasiada eletricidade e danificar outras partes do circuito.

6.10 Como é que as resistências ajudam a proteger os dispositivos electrónicos?

Resposta: As resistências ajudam a proteger os dispositivos electrónicos, controlando o fluxo de eletricidade para que nada fique em excesso e se parta.

6.11 Qual é a tolerância de uma resistência?

Resposta: A tolerância de uma resistência indica o quanto a sua resistência real pode variar em relação ao seu valor de resistência declarado, geralmente dado como uma percentagem.

6.12 Qual é a diferença entre uma resistência fixa e uma resistência variável?

Resposta: Uma resistência fixa tem um valor de resistência específico que não pode ser alterado, enquanto uma resistência variável (potenciómetro) nos permite ajustar o valor da resistência manualmente.

6.13 Porque é que algumas resistências têm bandas coloridas?

Resposta: As faixas de cores nas resistências representam o valor da resistência e a tolerância, ajudando-nos a identificar os seus valores sem necessidade de os medir.

6.14 Como é que as resistências afectam o brilho de um LED?

Resposta: Ao limitar a corrente que flui através de um LED, as resistências evitam que este receba demasiada corrente, o que o poderia danificar. A resistência ajuda a controlar o brilho do LED.

6.15 O que acontece se removermos uma resistência de um circuito?

Resposta: A remoção de uma resistência de um circuito pode causar um aumento no fluxo de corrente, potencialmente danificando outros componentes ou causando o mau funcionamento do circuito.

6.16 As resistências podem ser utilizadas para alterar a tensão num circuito?

Resposta: Sim, as resistências podem ser utilizadas em circuitos divisores de tensão para reduzir a tensão em pontos específicos de um circuito.

6.17 Quais são as aplicações das resistências na vida quotidiana?

Responder: As resistências são utilizadas em vários dispositivos, como rádios, televisores, computadores e electrodomésticos, para controlar o fluxo de corrente, ajustar os níveis de tensão e limitar o consumo de energia.

6.18 Porque é que precisamos de resistências nos circuitos de LED?

Resposta: As resistências são utilizadas em circuitos de LED para evitar que os LED recebam demasiada corrente, o que pode levar a sobreaquecimento e danos.

6.19 O que acontece se ligarmos as resistências em série (em linha)?

Resposta: Quando as resistências são ligadas em série, as suas resistências somam-se, resultando numa resistência total igual à soma das resistências individuais.

6.20 O que acontece se ligarmos as resistências em paralelo (em coluna)?

Resposta: Quando as resistências são ligadas em paralelo, a sua resistência total diminui em comparação com a resistência de qualquer resistência individual do grupo.

6.21 Porque é que alguns aparelhos electrónicos aquecem durante a utilização?

Resposta: Os dispositivos electrónicos podem aquecer durante a utilização porque as resistências no seu interior convertem energia eléctrica em energia térmica à medida que a corrente passa por eles.

6.22 Como é que as resistências protegem os componentes electrónicos?

Resposta: As resistências limitam a quantidade de corrente que passa pelos componentes electrónicos, evitando que recebam demasiada corrente e fiquem danificados.

6.23 Qual é a potência nominal de uma resistência?

Responda: A potência nominal de uma resistência indica a quantidade de calor que pode dissipar em segurança sem ser danificada, normalmente medida em watts.

6.24 Porque é que precisamos de resistências de alta potência?

Resposta: As resistências de alta potência são utilizadas em circuitos que transportam grandes correntes ou geram calor significativo, exigindo resistências capazes de dissipar mais potência sem sobreaquecimento.

6.25 As resistências podem ser utilizadas para converter energia eléctrica noutras formas de energia?

Resposta: Sim, as resistências podem converter energia eléctrica em energia térmica à medida que a corrente flui através delas, o que as torna úteis em aplicações onde é necessária a dissipação de calor.

6.26 Como é que as resistências afectam o volume do som num circuito?

Resposta: Nos circuitos de áudio, as resistências podem ser utilizadas para controlar o volume do som, ajustando a amplitude dos sinais eléctricos que as atravessam.

6.27 Qual é a diferença entre uma resistência e um condutor?

Resposta: As resistências limitam o fluxo de corrente eléctrica, enquanto os condutores permitem que a corrente eléctrica flua livremente sem resistência significativa.

6.28 Porque é que as resistências são importantes nos circuitos electrónicos?

Responder: As resistências desempenham um papel crucial nos circuitos electrónicos, controlando o fluxo de corrente, definindo os níveis de tensão, dividindo a tensão e protegendo os componentes contra danos.

6.29 Como é que as resistências ajudam a estabilizar os circuitos electrónicos?

Resposta: As resistências ajudam a estabilizar os circuitos electrónicos, mantendo níveis de corrente, níveis de tensão e amplitudes de sinal consistentes, garantindo um funcionamento fiável.

6.30 Qual é a relação entre resistência, corrente e tensão num circuito?

Resposta: De acordo com a Lei de Ohm, a tensão através de uma resistência é diretamente proporcional à corrente que passa através dela e inversamente proporcional à sua resistência.

6.31 As resistências podem ser utilizadas para criar atrasos temporais em circuitos?

Resposta: Sim, as resistências em combinação com condensadores podem ser utilizadas para criar atrasos de tempo em circuitos, como em circuitos temporizadores e geradores de impulsos.

6.32 Como é que as resistências contribuem para a eficiência energética dos dispositivos electrónicos?

Resposta: Ao limitar o fluxo de corrente e os níveis de tensão, as resistências ajudam a reduzir o consumo de energia em dispositivos electrónicos, contribuindo para a eficiência energética e para uma maior duração da bateria.

6.33 As resistências fazem algum ruído?

Resposta: Não, as resistências não fazem ruído. Funcionam silenciosamente dentro dos aparelhos electrónicos.

6.34 Podemos tocar numa resistência?

Resposta: É melhor não tocar nas resistências quando estão a ser utilizadas, porque podem aquecer e levar um pequeno choque.

6.35 Como é que as resistências ajudam num televisor?

Resposta: As resistências ajudam a controlar o fluxo de eletricidade num televisor para que este funcione corretamente e mostre imagens e som.

Capítulo 7 : Condensadores

Um condensador é como um pequeno tanque de armazenamento de eletricidade (ver figura 7). Armazena eletricidade e liberta-a quando não é suficiente, tal como um depósito de água liberta água quando é necessário [23]. Devemos ter visto um condensador grande na ventoinha de teto, o que é muito comum.

Os condensadores são medidos em Farads. Mas, normalmente, vemos unidades mais pequenas como picofarad (pF), nanofarad (nF) e microfarad (uF). Estas são apenas formas diferentes de medir a quantidade de eletricidade que um condensador pode armazenar.

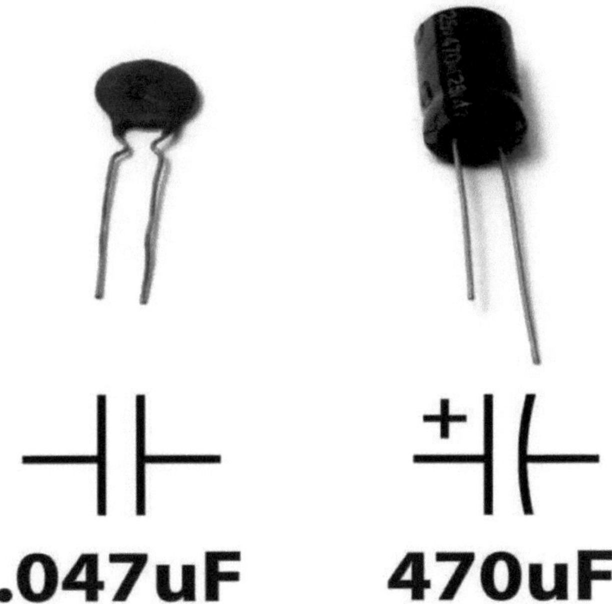

Figura 7 Dois tipos de condensadores e respetivo diagrama

Há dois tipos de condensadores que utilizamos nos circuitos electrónicos (ver figura 7). Um tipo tem o aspeto de pequenas "gemas" com dois fios a sair [24]. São os chamados condensadores de disco de cerâmica. Um condensador de disco de cerâmica tem este nome devido à forma como é fabricado e ao seu aspeto. É feito de um material chamado cerâmica e tem a forma de um disco pequeno e plano. Por isso, chama-se condensador de disco de cerâmica! Os condensadores de disco cerâmico não se importam com a forma como os colocamos no circuito; funcionam de qualquer forma [25]. Normalmente, têm um código numérico que precisa de ser descodificado, tal como o código de cores das resistências, que podemos consultar para saber a sua potência. Nos desenhos, são apresentados como duas linhas paralelas (ver figura 7, imagem da esquerda).

O outro tipo assemelha-se a pequenos tubos com fios a sair do fundo ou das extremidades. Estes são chamados condensadores electrolíticos. Os condensadores electrolíticos têm este nome devido à forma como são fabricados. Utilizam um líquido especial no interior, chamado eletrólito, que os ajuda a armazenar eletricidade. Têm normalmente o aspeto de pequenos tubos ou cilindros. Por isso, devido ao eletrólito no seu interior, são chamados condensadores electrolíticos (ver figura 7, imagem da direita).

Lembre-se de que os condensadores electrolíticos têm uma forma especial de serem ligados. Uma perna, a mais curta (ou negativa) (com o fio), tem de ser ligada à terra do circuito e a outra perna (positiva) (a mais comprida) tem de ser ligada à energia [26]. Se o ligarmos da forma errada, não funcionará corretamente. Estes condensadores têm o seu valor escrito, normalmente em microfarads (uF). Também têm um símbolo de menos (-) na perna que deve ser ligada à terra.

Nos desenhos (esquemas), um condensador eletrolítico é apresentado com uma linha reta e uma linha curva (ver figura 7). A linha reta mostra o lado que se liga à alimentação e a linha curva mostra o lado que se liga à terra.

Desperte a sua curiosidade sobre o condensador

7.1 O que é um condensador?

A nswer: Um condensador é um pequeno dispositivo que armazena eletricidade.

7.2 Qual é o aspeto de um condensador?

Resposta: Um condensador pode ter o aspeto de um pequeno cilindro ou de um pequeno disco com duas pernas.

7.3 Os condensadores podem ser encontrados em brinquedos?

Resposta: Sim, alguns brinquedos electrónicos têm condensadores no seu interior.

7.4 O que é que os condensadores fazem com a eletricidade?

Resposta: Os condensadores armazenam e libertam eletricidade.

7.5 Os condensadores são utilizados nos computadores?

Resposta: Sim, os computadores têm condensadores para os ajudar a funcionar melhor.

7.6 Um condensador pode conter uma grande quantidade de eletricidade?

Resposta: Não, os condensadores retêm pequenas quantidades de eletricidade durante curtos períodos de tempo.

7.7 Os condensadores têm um lado positivo e um lado negativo?

Resposta: Sim, alguns condensadores têm um lado positivo e um lado negativo.

7.8 Os condensadores são utilizados nas câmaras?

Resposta: Sim, as câmaras utilizam condensadores para ajudar com o flash.

7.9 Os condensadores ajudam a suavizar a eletricidade?

Resposta: Sim, os condensadores ajudam a regularizar o fluxo de eletricidade.

7.10 Os condensadores podem ser encontrados nos telemóveis?

Resposta: Sim, os telemóveis têm condensadores para os ajudar a funcionar.

7.11 Os condensadores funcionam com pilhas?

Resposta: Sim, os condensadores podem funcionar com baterias para armazenar eletricidade extra.

7.12 Os condensadores são utilizados nas luzes?

Resposta: Sim, algumas luzes utilizam condensadores para se manterem brilhantes.

7.13 Os condensadores podem emitir um sinal sonoro?

Resposta: Não, os condensadores não produzem sons; armazenam eletricidade.

7.14 Os condensadores estão presentes nos automóveis eléctricos?

Resposta: Sim, os carros eléctricos utilizam condensadores para ajudar a gerir a energia.

7.15 Os condensadores têm fios?

Resposta: Sim, os condensadores têm fios para se ligarem aos circuitos.

7.16 Os condensadores podem ter tamanhos diferentes?

Resposta: Sim, os condensadores existem em vários tamanhos.

7.17 Os condensadores armazenam eletricidade como uma pilha?

Resposta: Sim, mas apenas durante um curto período de tempo.

7.18 Os condensadores estão presentes nos televisores?

Resposta: Sim, os televisores utilizam condensadores para ajudar a melhorar a imagem e o som.

7.19 Podemos tocar num condensador quando está carregado?

Resposta: Não, não é seguro tocar num condensador carregado.

7.20 Os condensadores ajudam a arrancar os motores?

Resposta: Sim, os condensadores podem ajudar os motores a arrancar, fornecendo um impulso de eletricidade.

7.21 Os condensadores estão presentes nas máquinas de lavar roupa?

Resposta: Sim, as máquinas de lavar roupa utilizam condensadores para as ajudar a funcionar corretamente.

7.22 Os condensadores funcionam com tempo quente e frio?

Resposta: Sim, mas as temperaturas extremas podem afetar o seu funcionamento.

7.23 Podemos encontrar condensadores nos controlos remotos?

Resposta: Sim, os controlos remotos utilizam condensadores para funcionarem corretamente.

7.24 Os condensadores desgastam-se?

Resposta: Sim, com o tempo, os condensadores podem desgastar-se e têm de ser substituídos.

7.25 Os condensadores são utilizados nos rádios?

Resposta: Sim, os rádios utilizam condensadores para ajudar a sintonizar as estações.

7.26 Os condensadores podem ser utilizados em relógios?

Resposta: Sim, alguns relógios electrónicos utilizam condensadores.

7.27 Os condensadores ajudam a poupar energia?

Resposta: Sim, armazenando e libertando energia conforme necessário.

7.28 Os condensadores são seguros?

Resposta: Sim, quando utilizados corretamente, os condensadores são seguros.

7.29 Os condensadores podem ser encontrados em fontes de alimentação?

Resposta: Sim, as fontes de alimentação utilizam condensadores para estabilizar a tensão.

7.30 Os condensadores têm símbolos?

Resposta: Sim, os condensadores têm símbolos especiais nos diagramas eléctricos.

7.31 Os condensadores são utilizados em instrumentos musicais?

Resposta: Sim, os instrumentos musicais electrónicos utilizam condensadores.

7.32 Os condensadores podem ser encontrados em brinquedos que se movem?

Resposta: Sim, os brinquedos em movimento podem utilizar condensadores para curtos períodos de energia.

7.33 Os condensadores têm de ser substituídos?

Resposta: Por vezes, se se desgastarem ou se partirem.

7.34 Os condensadores podem fazer com que os aparelhos funcionem melhor?

Resposta: Sim, fornecendo eletricidade estável.

7.35 Os condensadores estão presentes nos micro-ondas?

Resposta: Sim, os micro-ondas utilizam condensadores para os ajudar a funcionar.

7.36 Os condensadores podem armazenar energia do sol?

Resposta: Sim, nos dispositivos alimentados por energia solar, os condensadores armazenam energia do sol.

7.37 Os condensadores têm pernas?

Resposta: Sim, os condensadores têm duas pernas ou cabos para se ligarem aos circuitos.

7.38 Os condensadores podem ser utilizados em comboios eléctricos?

Resposta: Sim, os comboios eléctricos utilizam condensadores para ajudar a fornecer energia.

7.39 Os condensadores têm números?

Resposta: Sim, os números nos condensadores indicam a quantidade de eletricidade que podem armazenar.

7.40 Os condensadores podem ser encontrados em aparelhos de ar condicionado?

Resposta: Sim, os aparelhos de ar condicionado utilizam condensadores para arrancar e funcionar corretamente.

7.41 Os condensadores são utilizados nas lanternas?

Resposta: Algumas lanternas avançadas utilizam condensadores.

7.42 Os condensadores ajudam os dispositivos a ligarem-se rapidamente?

Resposta: Sim, fornecendo um impulso rápido de eletricidade.

Capítulo 8 : Díodos

Os díodos são peças ou componentes especiais que só deixam a eletricidade fluir num sentido. Isto ajuda a impedir que a eletricidade siga o caminho errado num circuito, tal como numa estrada de sentido único.

Um aspeto a ter em conta é que, quando a eletricidade passa por um díodo, consome um pouco de energia e a tensão cai cerca de 0,7 V, o que se designa por atenuação [27]. É importante saber isto para mais tarde, quando falarmos de um tipo especial de díodo no Capítulo 12, os chamados LEDs (díodos emissores de luz).

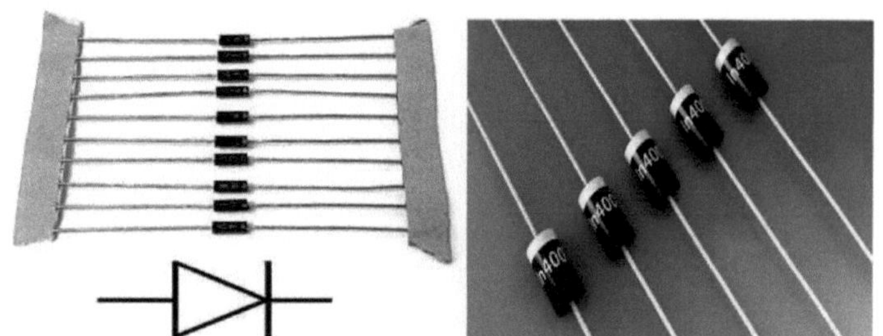

Figura 8.1 Conjunto de dez díodos (esquerda) e sua representação esquemática e 5 díodos (direita)

O anel (prateado na imagem da direita) que se encontra numa das extremidades do díodo indica o lado do díodo que está ligado à terra e o outro lado está ligado à alimentação [28]. O díodo tem normalmente um número de peça escrito. Podemos procurar este número para saber mais sobre o que pode fazer e as suas propriedades [29].

Nos desenhos (esquemas), um díodo é representado por uma linha com um triângulo a apontar para ela (ver figura 8.1). A linha é o lado que se liga à terra e a ponta do triângulo é o lado que se liga à alimentação.

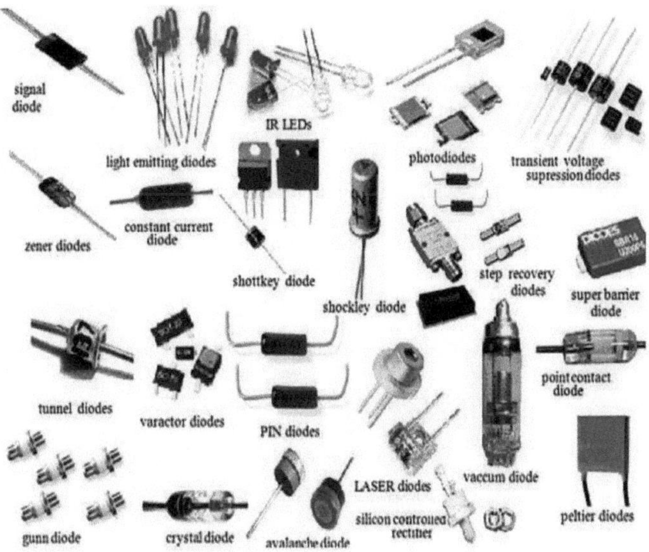

Figura 8.2 Diferentes tipos de díodos

Na Figura 8.2, podemos ver que existem vários tipos de díodos que utilizamos em circuitos complicados, consoante as nossas necessidades.

Desperte a sua curiosidade sobre o Diodo

8.1 O que é um díodo?

A nswer: Um díodo é uma pequena peça eletrónica que permite que a eletricidade flua apenas numa direção.

8.2 Qual é o aspeto de um díodo?

Resposta: Um díodo assemelha-se a um pequeno cilindro com duas pernas.

8.3 Como se chamam as duas pernas de um díodo?

Resposta: As duas pernas de um díodo são chamadas ânodo (positivo, longo) e cátodo (negativo, curto).

8.4 Em que direção flui a eletricidade através de um díodo?

Resposta: A eletricidade flui do ânodo para o cátodo.

8.5 A eletricidade pode fluir nos dois sentidos através de um díodo?

Resposta: Não, a eletricidade só pode fluir numa direção através de um díodo.

8.6 Onde é que utilizamos díodos?

Responder: Os díodos são utilizados em muitos aparelhos electrónicos, como rádios, televisores e computadores.

8.7 Os díodos podem ser encontrados nos telefones?

Resposta: Sim, os díodos são utilizados nos telefones para os ajudar a funcionar.

8.8 Os díodos ajudam a proteger os circuitos?

Resposta: Sim, os díodos podem ajudar a proteger os circuitos de demasiada eletricidade.

8.9 Os díodos são utilizados nos carregadores?

Resposta: Sim, os díodos são utilizados nos carregadores para controlar o fluxo de eletricidade.

8.10 Os díodos podem iluminar-se?

Resposta: Alguns díodos, chamados LED (Light Emitting Diodes), podem acender-se.

8.11 O que significa LED?

Resposta: LED significa Light Emitting Diode (Díodo Emissor de Luz).

8.12 Os díodos têm um lado positivo e um lado negativo?

Resposta: Sim, o ânodo é o lado positivo e o cátodo é o lado negativo.

8.13 Os díodos podem ser de cores diferentes?

Resposta: Os LEDs podem ser de cores diferentes, como vermelho, verde e azul.

8.14 Os díodos são importantes na eletrónica?

Resposta: Sim, os díodos são muito importantes na eletrónica para direcionar a eletricidade.

8.15 Os díodos podem ser encontrados em brinquedos?

Resposta: Sim, os brinquedos electrónicos podem ter díodos no seu interior.

8.16 Os díodos ajudam na conversão de eletricidade?

Resposta: Sim, os díodos ajudam a converter a eletricidade AC em eletricidade DC.

8.17 Os díodos podem ser encontrados nos automóveis?

Resposta: Sim, os automóveis utilizam díodos nos seus sistemas eléctricos.

8.18 Os díodos são utilizados nos painéis solares?

Resposta: Sim, os díodos ajudam os painéis solares a converter a luz solar em eletricidade.

8.19 Os díodos ajudam a evitar danos nos circuitos?

Resposta: Sim, os díodos podem evitar danos ao bloquear demasiada eletricidade.

8.20 Os díodos podem ser utilizados em lanternas?

Resposta: Sim, os LEDs são utilizados em lanternas para produzir luz brilhante.

8.21 Os díodos aquecem?

Resposta: Os díodos podem aquecer um pouco, mas não devem aquecer demasiado.

8.22 Os díodos são utilizados nos relógios?

Resposta: Sim, os relógios digitais utilizam díodos para apresentar os números.

8.23 Os díodos podem produzir sons?

Resposta: Não, os díodos não emitem sons; apenas controlam a eletricidade.

8.24 Os díodos têm símbolos?

Resposta: Sim, os díodos têm símbolos especiais nos diagramas eléctricos.

8.25 Os díodos podem ser muito pequenos?

Resposta: Sim, os díodos podem ser muito pequenos, como pontos minúsculos.

8.26 Os díodos são utilizados nos computadores?

Resposta: Sim, os díodos são utilizados nos computadores para os ajudar a funcionar.

8.27 Os díodos precisam de eletricidade para funcionar?

Resposta: Sim, os díodos precisam de eletricidade para controlar o seu fluxo nos circuitos.

Capítulo 9 : Transístores

Um transístor é como um pequeno interrutor que pode aumentar uma pequena quantidade de eletricidade. Em termos técnicos, podemos dizer que tem um poder especial para "amplificar" a eletricidade (ou sinal) dentro do circuito, exatamente como o volume de um altifalante [30]. Para compreender o sinal, podemos imaginar o nosso monitor de batimentos cardíacos no hospital (ver imagem verde na figura 9.1). O sinal sobe quando o coração bate mais depressa e desce quando o coração bate mais devagar [31]. Uma linha reta significa que o coração está parado (imagem preta da figura 9.1) e uma variação no final significa que o coração bate subitamente.

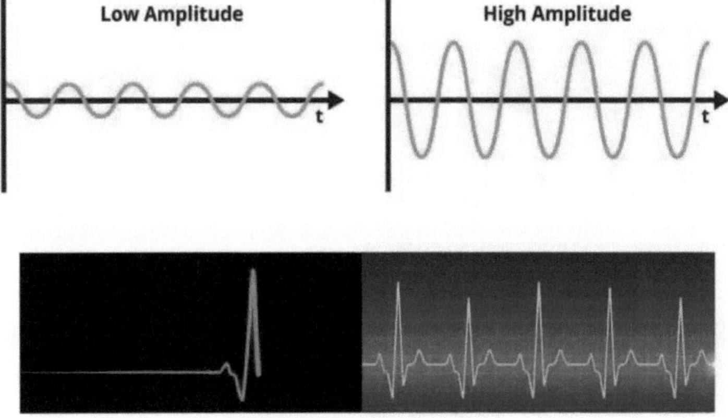

Figura 9.1 Variação do sinal

Uma amplitude baixa significa um sinal baixo, uma amplitude elevada significa que o volume aumentou (ver figura 9.1, imagem superior).

O transístor tem três pernas (ou pinos), ou seja, base, coletor e emissor [32]. Quando um pouco de eletricidade vai para o pino da base, uma grande quantidade de corrente pode fluir entre os pinos do coletor e do emissor.

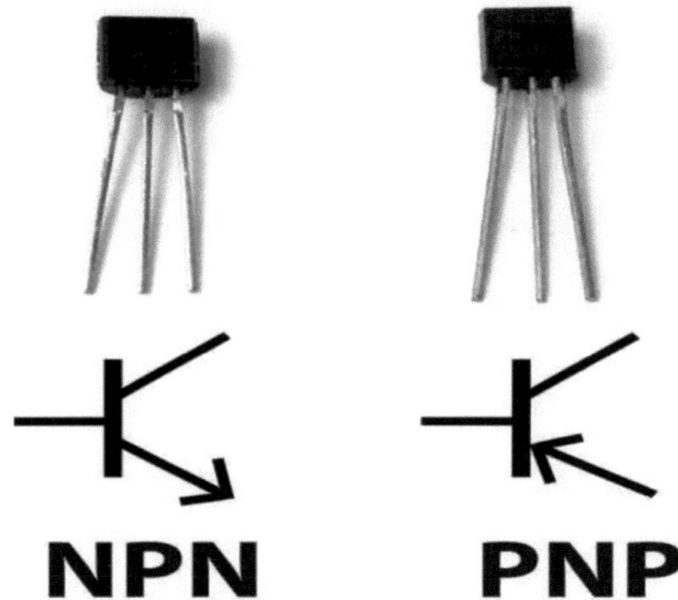

Figura 9.2 Dois tipos de transístores e as suas representações esquemáticas

Os transístores têm números escritos e podemos consultar a sua informação online para ver como funcionam os seus pinos e o que podem fazer. Não te esqueças de verificar também a tensão e a corrente nominal. Podemos pedir ajuda aos professores.

Existem dois tipos de transístores (ver figura 9.2), ou seja, NPN (Negativo-Positivo-Negativo) e PNP (Positivo-Negativo-Positivo).

Vamos perceber de uma forma simples como funciona um transístor!

5.4.1 Transístor NPN

Quando damos uma pequena corrente eléctrica à sua base (um dos seus pinos), deixa passar uma corrente maior entre os seus outros dois pinos (chamados coletor e emissor). Nos desenhos (esquemas), são mostrados com uma linha para a base, uma linha diagonal que liga à base e uma seta diagonal que aponta para longe da base.

5.4.2 Transístor PNP

Este funciona de forma oposta. Quando damos uma pequena corrente à sua base, impede que a corrente maior flua entre o coletor e o emissor. São representados num esquema com uma linha para a base, uma linha diagonal a ligar à base e uma seta diagonal a apontar para a base.

Muitos transístores têm o seu tipo (NPN ou PNP) marcado. Procure marcas como "NPN" ou "PNP" no próprio corpo do transístor. O número de peça impresso no transístor também pode indicar se é NPN ou PNP. Por exemplo, os números de peça que começam com "2N" normalmente denotam transístores NPN (por exemplo, 2N2222), enquanto os que começam com "2S" frequentemente denotam transístores PNP (por exemplo, 2SA733). Funcionam de forma oposta.

Desperte a sua curiosidade sobre o transístor

9.1 O que é um transístor?

Responder: Um transístor é uma pequena peça eletrónica que pode ligar e desligar a eletricidade em dispositivos como o interrutor.

9.2 Qual é o aspeto dos transístores?

Resposta: Os transístores têm o aspeto de pequenos botões pretos ou prateados com três pernas.

9.3 Onde podemos encontrar transístores?

Resposta: Podemos encontrar transístores no interior de computadores, rádios e outros dispositivos electrónicos.

9.4 Porque é que os transístores são importantes?

Resposta: Os transístores são importantes porque ajudam a controlar o fluxo de eletricidade nos dispositivos electrónicos.

9.5 Quantas pernas tem um transístor?

Resposta: Um transístor tem três pernas.

9.6 O que é que as pernas de um transístor fazem?

Resposta: As pernas de um transístor ligam-se a diferentes partes de um circuito para controlar a eletricidade.

9.7 O que é um circuito?

Responder: Um circuito é um caminho que a eletricidade segue para fazer funcionar os dispositivos.

9.8 Os transístores podem fazer com que os dispositivos se liguem e desliguem?

Resposta: Sim, os transístores podem ligar e desligar dispositivos através do controlo do fluxo de eletricidade.

9.9 Os transístores são grandes ou pequenos?

Resposta: Os transístores são muito pequenos.

9.10 De que são feitos os transístores?

Resposta: Os transístores são feitos de um material especial chamado semicondutor, normalmente silício.

9.11 Como é que os transístores ajudam num computador?

Resposta: Os transístores ajudam os computadores a processar informação ligando e desligando a eletricidade muito rapidamente.

9.12 Podemos ver os transístores sem abrir um dispositivo?

Resposta: Não, os transístores estão dentro do dispositivo, pelo que não os podemos ver sem o abrir.

9.13 O que é que um transístor faz num rádio?

Resposta: Num rádio, um transístor ajuda a amplificar o som para que o possamos ouvir melhor.

9.14 Os transístores são utilizados em brinquedos?

Resposta: Sim, os transístores são utilizados em brinquedos electrónicos para os fazer funcionar.

9.15 Com que rapidez podem os transístores ligar e desligar a eletricidade?

Resposta: Os transístores podem ligar e desligar a eletricidade milhares de vezes em apenas um segundo!

9.16 O que é um amplificador?

Resposta: Um amplificador é um dispositivo que torna os sons mais altos, e os transístores são frequentemente utilizados em amplificadores.

9.17 Os transístores precisam de pilhas?

Resposta: Os transístores em si não precisam de baterias, mas os dispositivos em que estão inseridos sim.

9.18 Os transístores podem ser encontrados nos telemóveis?

Resposta: Sim, os transístores estão presentes nos telemóveis para os ajudar a funcionar corretamente.

9.19 O que é um semicondutor?

Resposta: Um semicondutor é um material que pode controlar a eletricidade e é dele que são feitos os transístores.

9.20 Porque é que os transístores são chamados "interruptores"?

Resposta: Os transístores são chamados "interruptores" porque podem ligar e desligar a eletricidade como um interrutor de luz.

9.21 Os transístores têm formas diferentes?

Resposta: A maioria dos transístores tem um aspeto semelhante, mas podem ter formas e tamanhos ligeiramente diferentes.

9.22 Como é que os transístores ajudam numa televisão?

Resposta: Os transístores ajudam a controlar a imagem e o som num televisor.

9.23 Os transístores podem ser substituídos se se avariarem?

Resposta: Sim, mas normalmente tem de ser feito por alguém que saiba reparar aparelhos electrónicos.

9.24 Porque é que os transístores são importantes para a tecnologia moderna?

Resposta: Os transístores são importantes porque são os blocos de construção de todos os dispositivos electrónicos modernos.

9.25 O que acontece se um transístor deixar de funcionar?

Resposta: Se um transístor deixar de funcionar, o dispositivo em que se encontra pode não funcionar corretamente.

9.26 Os transístores estão nas calculadoras?

Resposta: Sim, os transístores ajudam as calculadoras a efetuar cálculos.

9.27 Podemos sentir a eletricidade a fluir através de um transístor?

Resposta: Não, não podemos sentir a eletricidade, mas podemos ver o dispositivo a funcionar quando a eletricidade passa pelo transístor.

9.28 Como se chama a perna intermédia de um transístor?

Resposta: A perna do meio de um transístor é chamada "base".

9.29 Como se chamam as outras duas pernas de um transístor?

Resposta: As outras duas pernas são chamadas "coletor" e "emissor".

9.30 Como é que os transístores ajudam nas luzes?

Resposta: Os transístores ajudam a acender e a apagar as luzes e podem também ajudar a ajustar o seu brilho.

9.31 O que é um sinal em eletrónica?

Responder: Um sinal é uma forma de enviar informação utilizando eletricidade, e os transístores ajudam a controlar esses sinais.

9.32 Os transístores podem produzir sons?

Resposta: Os transístores em si não produzem sons, mas ajudam a amplificar e a controlar os sons em dispositivos como rádios e altifalantes.

9.33 Os transístores são utilizados nos relógios?

Resposta: Sim, os transístores ajudam os relógios digitais a manter o tempo.

9.34 Quão pequenos são os transístores nos dispositivos modernos?

Resposta: Os transístores dos dispositivos modernos podem ser tão pequenos que cabem milhões deles num chip minúsculo.

9.35 O que é um microchip?

Resposta: Um microchip é um pequeno pedaço de material que contém muitos transístores e outros componentes que ajudam os dispositivos a funcionar.

9.36 Porque é que precisamos de tantos transístores num computador?

Resposta: Precisamos de muitos transístores num computador para realizar muitas tarefas diferentes de forma rápida e eficiente.

9.37 Qual é a principal função de um transístor?

Resposta: A principal função de um transístor é controlar o fluxo de eletricidade em dispositivos electrónicos.

9.38 Os transístores desgastam-se?

Resposta: Durante muito tempo, os transístores podem desgastar-se, mas normalmente duram muito tempo.

9.39 Os transístores podem ajudar a armazenar informação?

Resposta: Sim, os transístores são utilizados em chips de memória para ajudar a armazenar informações em computadores e outros dispositivos.

9.40 O que é um circuito integrado?

Resposta: Um circuito integrado é uma pequena pastilha que contém muitos transístores e outros componentes para fazer funcionar os dispositivos electrónicos.

9.41 Porque é que os transístores são melhores do que a tecnologia mais antiga?

Resposta: Os transístores são melhores porque são mais pequenos, mais rápidos e mais fiáveis do que a tecnologia mais antiga, como os tubos de vácuo.

9.42 Os transístores consomem muita eletricidade?

Resposta: Não, os transístores utilizam muito pouca eletricidade, o que ajuda os dispositivos a poupar energia.

9.43 Os transístores podem ser encontrados em dispositivos grandes e pequenos?

Resposta: Sim, os transístores são utilizados tanto em grandes dispositivos como os computadores como em pequenos dispositivos como os aparelhos auditivos.

9.44 Como é que os transístores ajudam na potência?

Resposta: Os transístores ajudam a gerir e controlar a energia nos circuitos electrónicos para garantir que os dispositivos funcionam corretamente.

9.45 Os transístores podem ser utilizados em instrumentos musicais?

Resposta: Sim, os transístores estão presentes nos instrumentos musicais electrónicos para ajudar a produzir e amplificar o som.

9.46 O que torna os transístores diferentes uns dos outros?

Resposta: Os transístores podem ser diferentes consoante o seu tamanho, o material de que são feitos e a sua função específica num circuito.

9.47 Os transístores podem funcionar sem um circuito?

Resposta: Não, os transístores precisam de fazer parte de um circuito para funcionarem corretamente.

9.48 O que acontece no interior de um transístor?

Resposta: Dentro de um transístor, a eletricidade flui e é controlada para ligar ou desligar ou para amplificar sinais.

9.49 Os transístores podem ser encontrados em jogos?

Resposta: Sim, os transístores são utilizados nos jogos electrónicos para os ajudar a funcionar.

9.50 Os transístores são utilizados nas escolas?

Resposta: Sim, os transístores são utilizados em computadores, projectores e outros dispositivos electrónicos nas escolas.

9.51 Como é que os transístores ajudam nos controlos remotos?

Resposta: Os transístores ajudam a enviar e receber sinais em controlos remotos para operar televisores e outros dispositivos.

9.52 Os transístores precisam de um ambiente especial para funcionar?

Resposta: Os transístores funcionam melhor em ambientes normais, mas podem ser concebidos para funcionar em condições especiais, como no espaço ou debaixo de água.

9.53 Porque é que os engenheiros gostam de utilizar transístores?

Resposta: Os engenheiros gostam de utilizar transístores porque são pequenos, fiáveis e podem ser utilizados de muitas formas diferentes.

9.54 Os transístores podem ser reciclados?

Resposta: Sim, os transístores podem ser reciclados juntamente com outros resíduos electrónicos para ajudar a proteger o ambiente.

9.55 O que é que significa amplificar um sinal?

Resposta: Amplificar um sinal significa torná-lo mais forte ou mais alto, e os transístores podem fazer isso em circuitos electrónicos.

9.56 Como é que os transístores ajudam nos dispositivos médicos?

Resposta: Os transístores ajudam os dispositivos médicos a monitorizar e tratar os doentes, controlando e amplificando os sinais electrónicos.

9.57 Os transístores são utilizados nos automóveis?

Resposta: Sim, os transístores são utilizados em muitas partes dos automóveis, incluindo o controlo do motor e os sistemas de entretenimento.

9.58 O que é um transístor de "comutação"?

Responde: Um transístor de "comutação" é utilizado para ligar e desligar a eletricidade num circuito.

9.59 Como é que os transístores ajudam nos ecrãs digitais?

Resposta: Os transístores controlam as pequenas luzes nos ecrãs digitais para mostrar imagens e informações.

9.60 Os transístores podem ser utilizados em robots?

Resposta: Sim, os transístores são utilizados em robôs para os ajudar a moverem-se e a realizarem tarefas através do controlo da eletricidade.

9.61 O que é um transístor de potência?

Resposta: Um transístor de potência é um tipo de transístor que pode lidar com níveis elevados de eletricidade para alimentar grandes dispositivos.

9.62 Porque é que estudamos os transístores?

Responder: Estudamos os transístores para compreender como funcionam e como ajudam a alimentar todos os nossos dispositivos electrónicos.

9.63 Porque é que usamos transístores em vez de interruptores?

Resposta: Usamos transístores em vez de interruptores porque os transístores são muito pequenos e podem ligar e desligar a eletricidade muito rapidamente. Isto ajuda os nossos dispositivos, como computadores e telemóveis, a funcionar melhor e mais depressa. Os interruptores são maiores e mais lentos, mas os transístores cabem em dispositivos pequenos e fazem o seu trabalho muito bem.

Capítulo 10 : Circuitos integrados (CI)

Um circuito integrado é um circuito minúsculo especial que foi feito muito pequeno e colocado num pequeno chip, como mostra a figura 10.1. Cada perna (ou pino) do chip liga-se a uma peça (ou componente) dentro do circuito [33]. Estes circuitos minúsculos têm componentes como transístores, resistências e díodos (ver figura 10.3).

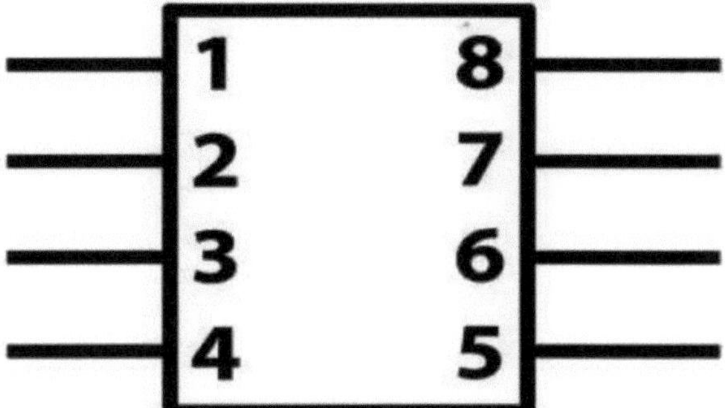

Figura 10.1 Circuito integrado e sua representação esquemática

Por exemplo, um chip de temporizador 555 tem mais de 40 componentes básicos no seu interior (ver figura 10.3).

Na figura, podemos ver os componentes que são constituídos por pequenos componentes básicos.

Podemos aprender sobre circuitos integrados, como os transístores, consultando os seus documentos (ou manuais). No papel (ou manual), ficamos a saber o que cada perna (ou pino) faz. Também nos diz qual a potência que o chip (CI) e cada perna podem suportar.

Existe um termo chamado "diagrama de pinos" para todos os circuitos integrados. Um diagrama de pinos é como um mapa que mostra onde se ligam todas as diferentes partes ou componentes de um pequeno chip eletrónico [34]. Ajuda as pessoas a perceberem quais os componentes que estão ligados a cada pino ou perna do chip.

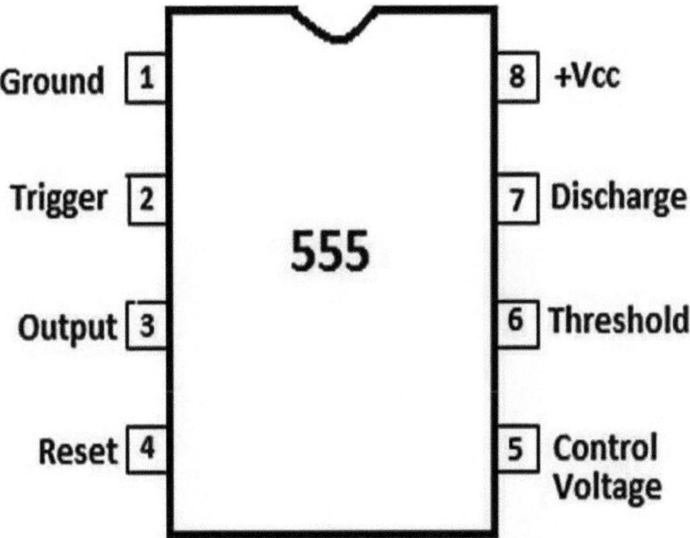

Figura 10.2 Diagrama de pinos do temporizador IC 555

O temporizador IC 555 é um pequeno chip eletrónico que nos ajuda a fazer coisas diferentes com eletricidade. É um circuito integrado com oito pinos. Podemos usar o temporizador 555 para fazer piscar as luzes, emitir sons com campainhas ou altifalantes e até fazer alarmes simples. É como um pequeno ajudante que faz a eletrónica funcionar de forma divertida e útil!

Não existe uma forma padrão de incorporar todos os circuitos integrados nos diagramas de circuitos, mas estes são frequentemente representados como caixas com números. Os números representam o número do pino (ver figura 10.2).

O entalhe redondo numa das extremidades do chip IC. Este é o topo do chip. O pino no canto superior esquerdo do chip é considerado o pino 1. A partir do pino 1, lemos sequencialmente para baixo até chegar ao fundo (ou seja, pino 1, pino 2, pino 3 ...

e assim por diante). Uma vez em baixo, passamos para o lado oposto do chip e começamos a ler os números para cima até chegar novamente ao topo.

Tivemos em conta que alguns chips mais pequenos têm um pequeno ponto junto ao pino 1 em vez de um entalhe na parte superior do chip.

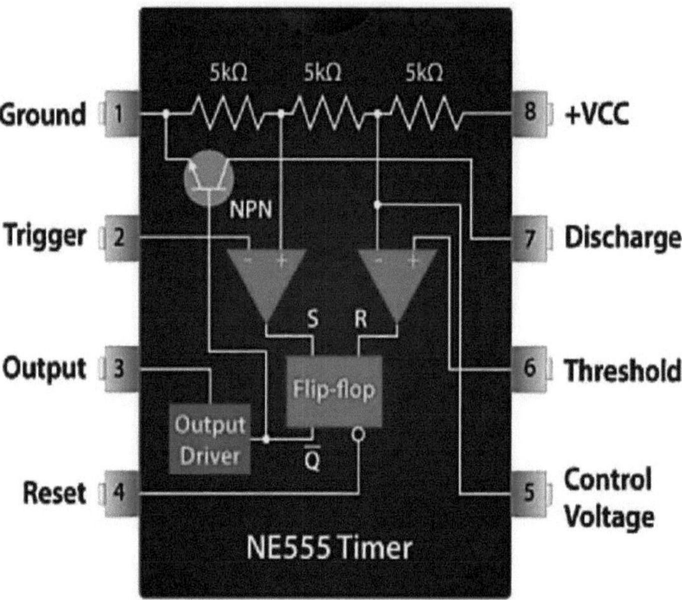

Figura 10.3 Componentes internos do temporizador IC 555

Os circuitos integrados existem numa variedade de formas e tamanhos diferentes. Como principiante, vamos trabalhar principalmente com chips DIP (Dual In-line Package). Estes têm pinos para montagem através de orifícios. O nome refere-se à embalagem física ou ao invólucro de um circuito integrado (CI) que tem duas filas paralelas de pinos, que são inseridos em orifícios numa placa de circuitos para ligação. Este estilo de embalagem é comum para CIs que são montados através de orifícios numa placa de circuitos como a breadboard (abordada no Capítulo 15).

À medida que avançamos, podemos considerar os chips SMT (Surface-Mount Technology) que são montados à superfície e soldados a um lado de uma placa de circuitos. "SMT" significa "Surface-Mount Technology" (tecnologia de montagem em superfície) ou "Surface-Mount Device" (dispositivo de montagem em superfície). Refere-se a um método de montagem de componentes electrónicos diretamente na superfície de placas de circuitos impressos (PCB), em vez de os inserir através de orifícios na placa (como acontece com os componentes DIP). Os componentes SMT são mais pequenos e permitem um empacotamento mais denso dos componentes numa PCB, o que os torna adequados para dispositivos electrónicos modernos em que a poupança de espaço e a montagem automatizada são cruciais.

Desperte a sua curiosidade sobre o IC

10.1 O que é um CI (circuito integrado)?

Responder: Um CI é um circuito eletrónico minúsculo numa pequena pastilha.

10.2 O que significa IC?

Resposta: IC significa Integrated Circuit (circuito integrado).

10.3 O que é que um CI faz?

Resposta: Um CI pode desempenhar muitas funções electrónicas, como o processamento de sinais ou o armazenamento de dados.

10.4 Qual é o tamanho de um IC?

Resposta: Um CI é muito pequeno, muitas vezes com apenas alguns milímetros de diâmetro.

10.5 Onde podemos encontrar ICs?

Resposta: Os circuitos integrados encontram-se em quase todos os dispositivos electrónicos, como telefones, computadores e brinquedos.

10.6 De que são feitos os circuitos integrados?

Resposta: Os circuitos integrados são feitos de silício e de outros materiais.

10.7 Os circuitos integrados têm peças minúsculas no seu interior?

Resposta: Sim, os circuitos integrados têm muitas peças minúsculas como transístores, resistências e condensadores no seu interior.

10.8 Um circuito integrado pode ser designado por microchip?

Resposta: Sim, os circuitos integrados são frequentemente designados por microchips.

10.9 Porque é que os CI são importantes?

Resposta: Os circuitos integrados são importantes porque tornam a eletrónica mais pequena, mais rápida e mais eficiente.

10.10 Os circuitos integrados podem armazenar informações?

Resposta: Sim, alguns circuitos integrados podem armazenar informações como os chips de memória dos computadores.

10.11 Os IC ajudam a jogar videojogos?

Resposta: Sim, os circuitos integrados são utilizados nas consolas de jogos de vídeo para processar os dados dos jogos.

10.12 Os circuitos integrados são utilizados nos automóveis?

Resposta: Sim, os automóveis modernos têm muitos circuitos integrados para controlar diferentes funções.

10.13 Os circuitos integrados podem ser encontrados em relógios digitais?

Resposta: Sim, os relógios digitais utilizam circuitos integrados para manter a hora e apresentar informações.

10.14 Os circuitos integrados ajudam a fazer chamadas nos telemóveis?

Resposta: Sim, os circuitos integrados processam os sinais que permitem aos telemóveis fazer chamadas.

10.15 Os ICs podem ser encontrados em controlos remotos?

Resposta: Sim, os controlos remotos têm circuitos integrados para enviar sinais para os televisores e outros dispositivos.

10.16 Os CI ajudam a tirar fotografias com uma câmara?

Resposta: Sim, os circuitos integrados processam os dados de imagem nas câmaras digitais.

10.17 Os circuitos integrados são utilizados nos computadores?

Resposta: Sim, os circuitos integrados são componentes essenciais em todos os computadores.

10.18 Os circuitos integrados tornam os brinquedos mais divertidos?

Resposta: Sim, os circuitos integrados podem tornar os brinquedos interactivos com luzes, sons e movimentos.

10.19 Os ICs podem ser encontrados em leitores de música?

Resposta: Sim, os leitores de música utilizam ICs para reproduzir e armazenar música.

10.20 Os circuitos integrados estão presentes nos electrodomésticos?

Resposta: Sim, aparelhos como micro-ondas e máquinas de lavar roupa utilizam CIs.

10.21 Os IC ajudam na ligação à Internet?

Resposta: Sim, os ICs são utilizados em routers e modems para ligação à Internet.

10.22 Os circuitos integrados podem ser encontrados em calculadoras?

Resposta: Sim, as calculadoras têm circuitos integrados para efetuar cálculos matemáticos.

10.23 Os circuitos integrados fazem com que as luzes mudem de cor?

Resposta: Sim, os ICs podem controlar as luzes LED para mudar de cor.

10.24 Os ICs são utilizados em relógios?

Resposta: Sim, os relógios digitais utilizam circuitos integrados para manter a hora com exatidão.

10.25 Os IC ajudam a ouvir música?

Resposta: Sim, os circuitos integrados são utilizados em auscultadores e altifalantes para reproduzir música.

10.26 Os ICs podem ser encontrados em dispositivos domésticos inteligentes?

Resposta: Sim, os dispositivos domésticos inteligentes, como termóstatos e câmaras de segurança, utilizam CIs.

10.27 Os circuitos integrados ajudam a fazer funcionar os robots?

Resposta: Sim, os circuitos integrados controlam os movimentos e as funções dos robots.

10.28 Os circuitos integrados são importantes para a tecnologia?

Resposta: Sim, os circuitos integrados são muito importantes para que a tecnologia moderna funcione de forma eficiente.

Capítulo 11 : Potenciómetro ou resistência variável

Os potenciómetros são como interruptores ajustáveis, como o regulador de uma ventoinha (ver figura 11). Podemos rodar ou mover um botão ou uma barra para alterar a quantidade de eletricidade (ou corrente) que circula num circuito. Se alguma vez utilizámos um botão de volume numa aparelhagem ou um interrutor para regular a intensidade de uma luz, utilizámos um potenciómetro. Estes têm uma espécie de botão ou seletor que se roda ou empurra para alterar a resistência de um circuito [35].

Os potenciómetros são medidos em ohms, tal como as resistências. Em vez de bandas coloridas, têm números escritos, como "1M". Também têm um "A" ou um "B" para mostrar como funcionam quando os utilizamos.

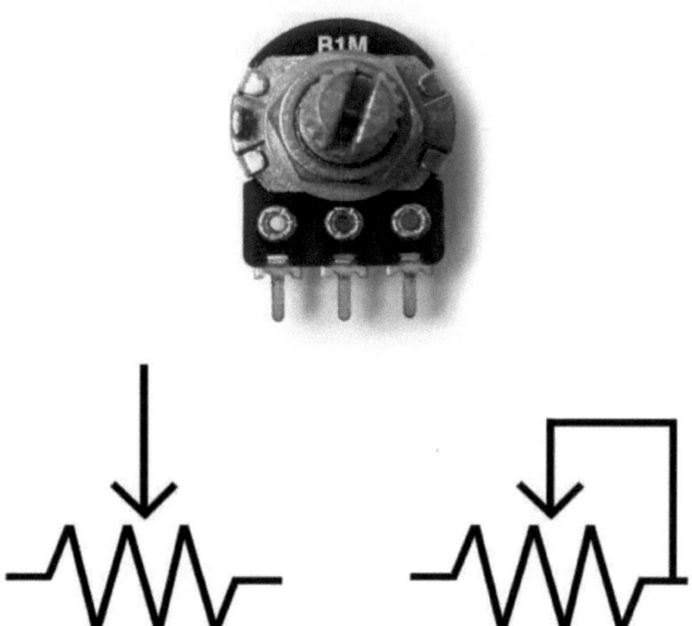

Figura 11 Potenciómetro ou resistência variável e sua representação esquemática

Os potenciómetros com um "B" têm uma curva de resposta reta. Isto significa que quando rodamos o botão, a resistência aumenta uniformemente (como se estivéssemos a contar: 10, 20, 30, 40, 50, e assim por diante). Os potenciómetros com um "A" têm uma resposta curva [36]. Isto significa que, quando rodamos o botão, os números aumentam de forma curva, ou seja, 1, 10, 100, 1000, etc.

Os potenciómetros têm três pernas ou pinos para criar um divisor de tensão (divide a potência ou a tensão em componentes mais pequenos), que é basicamente duas resistências ligadas em série. Quando duas resistências estão em série, o ponto entre elas é uma tensão que é um valor algures entre o valor da fonte e a terra.

Imagine que temos dois interruptores especiais entre um botão de alimentação (5V)

e um botão de terra (0V). Estes interruptores podem dividir a potência em partes mais pequenas. Se ambos os interruptores forem iguais, o componente intermédio onde se encontram terá metade da potência (2,5V).

Agora, pense nesta parte central como o pino central de um botão especial que podemos rodar. Quando rodamos o botão, a potência no pino do meio pode subir para 5V ou descer para 0V. Isto é útil para ajustar a intensidade de um sinal elétrico dentro de um circuito (daí a sua utilização como botão de volume).

Se ligarmos um dos pinos exteriores e o pino do meio num circuito, estamos a alterar a resistência nessa parte do circuito. Isto é útil na construção de circuitos quando só precisamos de ajustar a resistência num ponto sem alterar o nível de tensão.

Nos circuitos, esta configuração assemelha-se a uma resistência com uma seta a apontar de um lado e a voltar a apontar para o meio (ver figura 11).

Desperte a sua curiosidade sobre o potenciómetro

11.1 O que é um potenciómetro?

Responder: Um potenciómetro é um dispositivo que pode alterar a sua resistência.

11.2 Podemos rodar um potenciómetro?

Resposta: Sim, podemos rodar um potenciómetro para alterar a sua resistência.

11.3 Qual é o aspeto de um potenciómetro?

Resposta: Um potenciómetro tem o aspeto de um pequeno botão ou mostrador.

11.4 Em que é que um potenciómetro é diferente de uma resistência normal?

Resposta: Um potenciómetro pode alterar o seu valor de resistência rodando um botão, enquanto uma resistência normal tem um valor de resistência fixo.

11.5 Onde podemos encontrar potenciómetros?

Resposta: Os potenciómetros encontram-se em aparelhos como rádios, controlos de volume e interruptores de regulação da intensidade da luz.

11.6 Um potenciómetro pode tornar uma luz mais clara ou mais fraca?

Resposta: Sim, rodando um potenciómetro, podemos ajustar o brilho de uma luz.

11.7 O que acontece quando rodamos um potenciómetro para a esquerda?

Resposta: Rodar um potenciómetro para a esquerda pode diminuir a sua resistência.

11.8 O que acontece quando rodamos um potenciómetro para a direita?

Resposta: Rodar um potenciómetro para a direita pode aumentar a sua resistência.

11.9 Os potenciómetros têm um limite máximo de resistência?

Resposta: Sim, cada potenciómetro tem um valor máximo de resistência que pode atingir.

11.10 Podemos utilizar um potenciómetro para controlar o volume de um rádio?

Resposta: Sim, os potenciómetros são frequentemente utilizados como controlos de volume em rádios.

11.11 Os potenciómetros têm posições fixas?

Resposta: Não, os potenciómetros podem ser regulados em qualquer posição entre os valores mínimo e

resistência máxima.

11.12 Os potenciómetros podem ser utilizados em brinquedos?

Resposta: Sim, os potenciómetros podem ser utilizados em brinquedos para ajustar os sons ou a intensidade da luz.

11.13 Os potenciómetros são utilizados nas guitarras?

Resposta: Sim, os potenciómetros são utilizados nas guitarras eléctricas para ajustar o tom e o volume.

11.14 Os potenciómetros podem ser utilizados para controlar a velocidade de um motor?

Resposta: Sim, os potenciómetros podem ajustar a velocidade de alguns motores.

11.15 Os potenciómetros têm fios?

Resposta: Sim, os potenciómetros têm fios que os ligam a um circuito.

11.16 Os potenciómetros podem ser pequenos ou grandes?

Resposta: Sim, os potenciómetros existem em diferentes tamanhos, dependendo da sua utilização.

11.17 Podemos substituir um potenciómetro por uma resistência fixa?

Resposta: Não, porque a resistência de um potenciómetro pode mudar, enquanto

a resistência de uma resistência fixa é constante.

11.18 Os potenciómetros podem ser utilizados para ajustar a temperatura de um forno?

Resposta: Sim, alguns fornos utilizam potenciómetros para ajustar as definições de temperatura.

11.19 Os potenciómetros podem ser utilizados nos automóveis?

Resposta: Sim, os potenciómetros podem ser utilizados em automóveis para ajustar as luzes do painel de instrumentos ou a velocidade da ventoinha.

11.20 Os potenciómetros têm números?

Resposta: Alguns potenciómetros têm números ou marcas que indicam a sua posição.

11.21 Os potenciómetros podem ser utilizados para ajustar o brilho de um ecrã?

Resposta: Sim, os potenciómetros podem ajustar o brilho dos ecrãs em alguns dispositivos.

11.22 Os potenciómetros são frágeis?

Resposta: Os potenciómetros podem ser delicados, pelo que necessitam de um manuseamento cuidadoso.

11.23 É possível encontrar potenciómetros em rádios antigos?

Resposta: Sim, os rádios antigos têm frequentemente potenciómetros para afinação e controlo do volume.

11.24 Os potenciómetros podem ser utilizados em robôs?

Resposta: Sim, os potenciómetros podem ser utilizados em robôs para controlar movimentos ou sensores.

11.25 Podemos fazer um potenciómetro em casa?

Resposta: É difícil fazer um potenciómetro em casa porque requer materiais e construção precisos.

11.26 Os potenciómetros podem mudar de cor?

Resposta: Os potenciómetros são normalmente fornecidos numa cor, como o preto ou o azul.

11.27 Os potenciómetros podem ser utilizados em instrumentos musicais?

Resposta: Sim, os potenciómetros são utilizados em instrumentos musicais como teclados e sintetizadores.

11.28 Os potenciómetros fazem barulho quando os rodamos?

Resposta: Os potenciómetros podem, por vezes, fazer um pequeno ruído quando rodados, dependendo da sua qualidade.

Capítulo 12 : LED

Um LED significa díodo emissor de luz. É um tipo especial de díodo que brilha quando a eletricidade passa por ele. Tal como outros díodos, um LED só deixa passar a eletricidade numa direção.

Figura 12 Díodo emissor de luz (LED) azul, amarelo e vermelho

Para decidir qual o caminho que a eletricidade percorre através de um LED, procure duas coisas.

Em primeiro lugar, a perna positiva (designada por ânodo) é normalmente mais comprida do que a perna negativa ou de terra (designada por cátodo).

Em segundo lugar, alguns LEDs têm uma marca plana (designada por entalhe) num dos lados que mostra onde se encontra o lado positivo (ânodo) [37, 38]. Mas nem todos os LEDs têm este entalhe e, por vezes, pode não estar correto, pelo que deve ser verificado durante a ligação ao circuito.

Como todos os díodos, os LEDs também criam uma pequena queda de tensão no circuito (já estudada em Díodos, Capítulo 8), mas não adicionam muita resistência. Para evitar que o circuito entre em curto-circuito, devemos sempre adicionar uma resistência em linha. Para encontrar a melhor intensidade, podemos utilizar uma calculadora de LED online para descobrir a resistência necessária para um único LED. É sempre uma boa ideia utilizar uma resistência um pouco maior do que a sugerida pela calculadora.

Podemos querer ligar os LEDs em fila, mas lembre-se que cada LED adicional fará a tensão cair até que não haja energia suficiente para os manter acesos. Por isso, é melhor acender vários LEDs ligando-os lado a lado. No entanto, certifique-se de que todos os LEDs têm a mesma potência nominal antes de o fazer. Lembre-se que, por vezes, as cores têm potências diferentes.

Num desenho, os LEDs são apresentados como um símbolo de díodo com relâmpagos a sair dele. Isto mostra que se trata de um díodo incandescente.

Desperte a sua curiosidade sobre o LED

12.1 O que é um LED?

A nswer: Um LED é uma pequena luz que utiliza eletricidade para brilhar.

12.2 O que significa LED?

Resposta: LED significa Light Emitting Diode (Díodo Emissor de Luz).

12.3 Que cores podem ter os LEDs?

Resposta: Os LEDs podem ser vermelhos, verdes, azuis, amarelos, brancos e muitas outras cores.

12.4 Os LEDs são utilizados nos semáforos?

Resposta: Sim, os LEDs são utilizados nos semáforos.

12.5 Os LEDs podem ser muito brilhantes?

Resposta: Sim, os LEDs podem ser muito brilhantes.

12.6 Os LEDs são utilizados em lanternas?

Resposta: Sim, muitas lanternas utilizam LEDs.

12.7 Os LEDs consomem muita eletricidade?

Resposta: Não, os LEDs consomem muito pouca eletricidade.

12.8 Os LEDs podem ser utilizados em televisores?

Resposta: Sim, muitos televisores utilizam LEDs para o ecrã.

12.9 Qual é o aspeto dos LEDs?

Resposta: Os LEDs são pequenas luzes que podem ter diferentes formas.

12.10 Os LEDs podem ser utilizados em luzes de Natal?

Resposta: Sim, os LEDs são frequentemente utilizados nas luzes de Natal.

12.11 Os LEDs estão presentes nos controlos remotos?

Resposta: Sim, os LEDs podem ser encontrados em controlos remotos.

12.12 Os LEDs aquecem como as lâmpadas normais?

Resposta: Não, as lâmpadas LED mantêm-se frias e não aquecem como as lâmpadas normais.

12.13 Os LEDs podem ser utilizados nos faróis dos automóveis?

Resposta: Sim, muitos faróis de automóveis utilizam LEDs.

12.14 Os LEDs são bons para o ambiente?

Resposta: Sim, porque consomem menos energia e duram mais tempo.

12.15 Os LEDs podem mudar de cor?

Resposta: Sim, alguns LEDs podem mudar de cor.

12.16 Os LEDs são utilizados em relógios digitais?

Resposta: Sim, os LEDs são frequentemente utilizados em relógios digitais.

12.17 Os LEDs podem ser utilizados em sinais?

Resposta: Sim, muitos sinais utilizam LEDs para se iluminarem.

12.18 Os LEDs existem em diferentes formas e tamanhos?

Resposta: Sim, os LEDs existem em muitas formas e tamanhos.

12.19 Poderemos ver LEDs em brinquedos?

Resposta: Sim, muitos brinquedos têm LEDs para luzes e efeitos.

12.20 Os LEDs são utilizados nos smartphones?

Resposta: Sim, os LEDs são utilizados nos ecrãs e indicadores dos smartphones.

12.21 Os LEDs precisam de pilhas para funcionar?

Resposta: Sim, os LEDs precisam de uma fonte de energia como as pilhas para funcionar.

12.22 Os LEDs podem durar muito tempo?

Resposta: Sim, os LEDs podem durar muitos anos.

12.23 Os LEDs são utilizados nos ecrãs dos computadores?

Resposta: Sim, muitos ecrãs de computador utilizam tecnologia LED.

12.24 As lâmpadas LED consomem mais ou menos energia do que as lâmpadas normais?

Resposta: Os LEDs consomem menos energia do que as lâmpadas normais.

12.25 Os LEDs podem ser regulados?

Resposta: Sim, os LEDs podem ser mais brilhantes ou mais fracos.

12.26 A utilização de LEDs é segura?

Resposta: Sim, os LEDs são seguros para utilização e manuseamento.

12.27 Os LEDs podem ser utilizados debaixo de água?

Resposta: Sim, alguns LEDs foram concebidos para serem utilizados debaixo de água.

12.28 Os LEDs ajudam a poupar energia?

Resposta: Sim, os LEDs ajudam a poupar energia porque consomem menos eletricidade.

12.29 Os LEDs são utilizados nas luzes das bicicletas?

Resposta: Sim, muitas luzes de bicicleta utilizam LEDs.

12.30 Os LED podem ser utilizados em candeeiros de iluminação pública?

Resposta: Sim, muitos candeeiros de rua utilizam LEDs.

12.31 Os LEDs funcionam instantaneamente quando são ligados?

Resposta: Sim, os LEDs acendem-se instantaneamente quando são ligados.

12.32 Os LEDs são utilizados nos sinais de saída de emergência?

Resposta: Sim, os LEDs são frequentemente utilizados em sinais de saída.

12.33 Os LEDs podem ser utilizados em relógios?

Resposta: Sim, os LEDs são utilizados em relógios digitais.

12.34 Os LEDs são utilizados nas consolas de jogos?

Resposta: Sim, os LEDs são utilizados nas consolas de jogos.

12.35 Os LEDs podem iluminar-se em padrões?

A nswer: Sim, os LEDs podem ser programados para se acenderem em padrões.

12.36 Existem LEDs em lanternas?

Resposta: Sim, muitas lanternas utilizam LEDs como fonte de luz.

Capítulo 13: Comutadores

Um interrutor é um dispositivo simples que pára ou inicia um circuito. É basicamente um dispositivo mecânico que cria uma interrupção num circuito. Quando ligamos o interrutor, este deixa a eletricidade fluir ou pára-a, dependendo do tipo de interrutor.

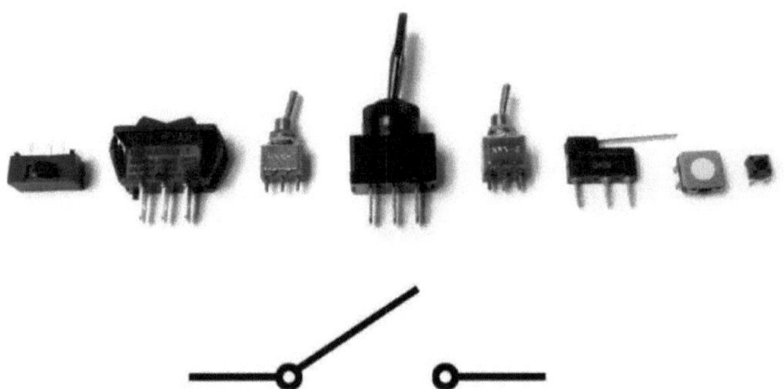

Figura 13 Tipos de interruptores utilizados num circuito (em cima) e interrutor aberto e fechado (em baixo) Um interrutor normalmente aberto ou ligado (N.O.) deixa a eletricidade fluir quando está ligado.

Um interrutor normalmente fechado ou desligado (N.C.) pára a eletricidade quando é ligado.

À medida que os interruptores se tornam mais complicados, podem fazer mais coisas. Podemos tomar como exemplo o interrutor SPDT (Single Pole, Double Throw) e o DPDT (Single Pole, Double Throw).

Interruptor SPDT: Este interrutor pode parar uma ligação e iniciar outra quando ligado.

Interruptor DPDT: Este interrutor pode parar duas ligações separadas e iniciar outras duas sempre que o ligarmos. Podemos utilizar o interrutor DPDT para criar um robot de controlo remoto.

Desperte a sua curiosidade sobre o Switch

13.1 O que é um interrutor?

Responder: Um interrutor é um dispositivo que pode ligar e desligar coisas.

13.2 Para que é que utilizamos um interrutor?

Responder: Utilizamos um interrutor para controlar o fluxo de eletricidade.

13.3 Um interrutor pode acender uma luz?

Resposta: Sim, um interrutor pode acender uma luz.

13.4 Um interrutor pode desligar uma ventoinha?

Resposta: Sim, um interrutor pode desligar uma ventoinha.

13.5 O que acontece quando ligamos um interrutor?

Resposta: Pode ligar ou desligar um dispositivo.

13.6 Onde é que encontramos interruptores na nossa casa?

Resposta: Os interruptores encontram-se nas paredes, nos electrodomésticos e nos aparelhos electrónicos.

13.7 Que nome damos a um interrutor que acende uma luz numa divisão

Resposta: Um interrutor de luz.

13.8 Um interrutor pode fazer parte de um brinquedo?

Resposta: Sim, muitos brinquedos têm interruptores.

13.9 Os computadores têm interruptores?

Resposta: Sim, os computadores têm interruptores de alimentação.

13.10 O que faz um interrutor de alimentação?

Resposta: Um interrutor de alimentação liga ou desliga um dispositivo.

13.11 Os interruptores podem ser grandes ou pequenos?

Resposta: Sim, os interruptores podem ter tamanhos diferentes.

13.12 O que é um interrutor basculante?

Resposta: Um interrutor basculante é um tipo de interrutor que se vira para cima ou para baixo.

13.13 O que é um interrutor de botão de pressão?

Resposta: Um botão de pressão é um interrutor que premimos para ligar ou desligar algo.

13.14 Os interruptores podem ser de controlo remoto?

Resposta: Sim, os controlos remotos têm interruptores.

13.15 Os interruptores de luz têm normalmente duas posições?

Resposta: Sim, normalmente têm posições de "ligado" e "desligado".

13.16 Os interruptores podem ser utilizados para controlar máquinas?

Resposta: Sim, os interruptores podem controlar muitos tipos de máquinas.

13.17 O que acontece se um interrutor estiver avariado?

Resposta: O dispositivo que controla pode não se ligar ou desligar corretamente.

13.18 Existem interruptores nos automóveis?

Resposta: Sim, os automóveis têm muitos interruptores.

13.19 Um interrutor pode fazer parte de um circuito?

Resposta: Sim, os interruptores são partes importantes dos circuitos eléctricos.

13.20 O que é um interrutor com regulação da intensidade da luz?

Resposta: Um interrutor com regulação da intensidade da luz permite ajustar o brilho de uma luz.

13.21 Podemos encontrar interruptores nos jogos electrónicos?

Resposta: Sim, os jogos electrónicos têm interruptores.

13.22 Alguns aparelhos têm mais do que um interrutor?

Resposta: Sim, alguns aparelhos têm vários interruptores para diferentes funções.

13.23 Que nome se dá a um interrutor que pode controlar duas luzes diferentes?

Responde: Um interrutor duplo ou um interrutor de duas vias.

13.24 Um interrutor pode ser ligado e desligado rapidamente?

Resposta: Sim, os interruptores podem ser ligados e desligados rapidamente.

13.25 O que é um interrutor deslizante?

Resposta: Um interrutor deslizante é um interrutor que deslizamos para a frente e para trás para o acionar.

13.26 Podemos utilizar um interrutor para pôr um carro a trabalhar?

Resposta: Sim, rodar o interrutor da ignição põe o carro a trabalhar.

13.27 Existem interruptores nos micro-ondas?

Resposta: Sim, os micro-ondas têm interruptores.

13.28 Um interrutor pode fazer parte de um dispositivo de segurança?

Resposta: Sim, muitos dispositivos de segurança têm interruptores.

13.29 O que é um interrutor basculante?

Resposta: Um interrutor basculante é um interrutor em que carregamos num lado para ligar e no outro lado para desligar.

13.30 Os interruptores podem ser encontrados em aparelhos de cozinha?

Resposta: Sim, os aparelhos de cozinha têm interruptores.

13.31 Alguns interruptores acendem quando são ligados?

Resposta: Sim, alguns interruptores têm luzes indicadoras.

13.32 Os interruptores podem ajudar a poupar energia?

Resposta: Sim, desligar os interruptores quando não estão a ser utilizados pode poupar energia.

Capítulo 14 : Baterias

Uma pilha transforma energia química em eletricidade. Como é que esta conversa acontece, iremos compreender mais tarde com a ajuda da disciplina de química. A pilha é como uma caixa que armazena energia.

Quando colocamos pilhas em série, somamos as suas voltagens. Cada pilha AA tem 1,5V. Assim, se colocarmos 3 pilhas numa fila, obtemos (1,5+1,5+1,5) 4,5V. Se adicionarmos uma quarta, obtemos 6V.

Quando colocamos as pilhas em paralelo, a tensão permanece a mesma, mas obtemos mais corrente. Isto é menos comum do que colocá-las em série [39]. É mais necessário quando um circuito precisa de mais corrente do que um conjunto de pilhas pode fornecer.

Figura 14 Bateria com a sua representação

É uma boa ideia ter diferentes suportes para pilhas AA. Podemos querer suportes que possam conter 1, 2, 3, 4 ou mesmo 8 pilhas AA. Num desenho de circuito, as pilhas são representadas por linhas de diferentes comprimentos [40]. Também têm símbolos para alimentação, terra e tensão nominal.

Tanto os condensadores como as pilhas armazenam energia, mas têm finalidades diferentes nos circuitos eléctricos e electrónicos. Os condensadores podem ser componentes cruciais nos circuitos, mas não podem substituir funcionalmente as baterias na maioria das aplicações em que é necessária uma fonte de energia constante e sustentada.

Vamos comparar baterias e condensadores com um exemplo simples!

Imaginemos que temos uma lanterna que precisa de energia para se acender [41]. Podemos utilizar uma pilha ou um condensador para a fazer funcionar.

Pilha: Quando utilizamos uma pilha na lanterna, esta armazena energia química no seu interior. Esta energia é gradualmente convertida em eletricidade, que alimenta a lâmpada da lanterna continuamente durante um longo período de tempo até que a pilha se esgote. Assim, a lanterna mantém-se acesa enquanto a pilha tiver energia armazenada.

Condensador: Se tentarmos utilizar um condensador em vez de uma pilha, a lanterna pode acender-se por breves instantes, mas apenas por um período muito curto. Isto acontece porque os condensadores armazenam energia eléctrica temporariamente e libertam-na rapidamente. Quando o condensador se descarrega (liberta a energia armazenada), não tem mais energia para manter a lanterna acesa continuamente, como acontece com uma pilha. Os condensadores são mais como explosões rápidas de energia do que fontes de energia sustentadas.

Numa lanterna, a bateria fornece energia contínua para manter a lanterna acesa, enquanto o condensador só pode alimentar a lanterna por um curto período de tempo antes de precisar de ser recarregado [42, 43]. Por conseguinte, para aplicações que necessitam de energia contínua e sustentada, as baterias são necessárias e não podem ser substituídas por condensadores.

Desperte a sua curiosidade sobre a bateria

14.1 O que é uma pilha?

A nswer: Uma pilha é um dispositivo que armazena energia e fornece eletricidade.

14.2 Para que é que utilizamos as pilhas?

Resposta: Utilizamos pilhas para alimentar aparelhos como brinquedos, lanternas e controlos remotos.

14.3 Qual é o formato da maioria das pilhas?

Resposta: A maioria das pilhas tem a forma de um cilindro ou de um retângulo.

14.4 As pilhas podem ter tamanhos diferentes?

Resposta: Sim, as pilhas existem em muitos tamanhos diferentes.

14.5 Como se chamam as duas extremidades de uma pilha?

Resposta: As extremidades de uma pilha são designadas por terminais positivo (+) e negativo (-).

14.6 Qual é a extremidade da pilha que tem um sinal de mais (+)?

Resposta: A extremidade positiva tem um sinal de mais (+).

14.7 Qual é a extremidade da pilha que tem um sinal de menos (-)?

Resposta: A extremidade negativa tem um sinal de menos (-).

14.8 As pilhas podem ser recarregadas?

Resposta: Algumas pilhas podem ser recarregadas e outras não.

14.9 O que é que chamamos às pilhas que podem ser recarregadas?

Resposta: Pilhas recarregáveis.

14.10 O que é que chamamos às pilhas que não podem ser recarregadas?

Resposta: Pilhas descartáveis ou de utilização única.

14.11 O que acontece quando uma bateria fica sem energia?

Resposta: Tem de ser substituído ou recarregado.

14.12 Onde é que se colocam as pilhas num brinquedo?

Resposta: No compartimento das pilhas.

14.13 Como é que sabemos para que lado devemos colocar uma bateria num dispositivo?

Resposta: Fazemos corresponder os sinais de mais (+) e menos (-) da bateria ao dispositivo.

14.14 As pilhas podem ser perigosas?

Resposta: Sim, se forem manuseados incorretamente ou se tiverem fugas.

14.15 Devemos deitar as pilhas para o lixo?

Resposta: Não, as pilhas devem ser recicladas corretamente.

14.16 O que devemos fazer se uma pilha tiver uma fuga?

Resposta: Devemos dizer a um adulto e evitar tocar-lhe.

14.17 Podemos utilizar diferentes tipos de pilhas no mesmo dispositivo?

Resposta: Não, devemos utilizar o mesmo tipo e tamanho de pilhas.

14.18 Qual é um tipo comum de pilha utilizado nos brinquedos?

Resposta: Pilhas AA.

14.19 Que tipo de bateria é utilizada num automóvel?

Resposta: Uma bateria de automóvel, que é muito maior.

14.20 As baterias podem ser utilizadas para pôr um carro a trabalhar?

Resposta: Sim, as baterias dos automóveis ajudam a ligar o motor.

14.21 O que é que está dentro de uma pilha que a faz funcionar?

Responde: Produtos químicos que produzem eletricidade.

14.22 As pilhas podem ser planas ou em forma de botão?

Resposta: Sim, são as chamadas pilhas tipo moeda ou de botão.

14.23 Há baterias nos nossos telemóveis?

Resposta: Sim, os telemóveis têm baterias recarregáveis no seu interior.

14.24 Todas as lanternas precisam de pilhas?

Resposta: A maioria das lanternas precisa de pilhas para funcionar.

14.25 Uma pilha pode fazer brilhar uma lâmpada?

Resposta: Sim, quando ligada corretamente, uma pilha pode acender uma lâmpada.

14.26 Os controlos remotos utilizam pilhas?

Resposta: Sim, a maioria dos controlos remotos utiliza pilhas.

14.27 As pilhas podem ser grandes ou pequenas?

Resposta: Sim, as pilhas podem ser muito grandes ou muito pequenas.

14.28 O que acontece se colocarmos uma bateria ao contrário?

Resposta: O dispositivo pode não funcionar.

14.29 Como podemos saber se uma pilha está a ficar fraca?

Resposta: O aparelho pode ficar fraco ou deixar de funcionar.

14.30 O que fazer com as pilhas usadas?

Resposta: Devemos reciclá-los corretamente.

14.31 As pilhas podem ser redondas ou quadradas?

Resposta: Sim, as pilhas podem ter diferentes formas.

14.32 Os relógios utilizam pilhas?

Resposta: Sim, muitos relógios utilizam pilhas pequenas.

14.33 As pilhas podem produzir sons nos brinquedos?

Resposta: Sim, as pilhas podem alimentar os efeitos sonoros dos brinquedos.

14.34 Existem baterias nos automóveis eléctricos?

Resposta: Sim, os automóveis eléctricos utilizam grandes baterias recarregáveis.

Capítulo 15 : Breadboard

As placas de ensaio são placas especiais utilizadas para experimentar circuitos electrónicos. Têm uma grelha de orifícios divididos em filas que se ligam eletricamente [44]. No meio, há duas colunas de linhas lado a lado. Isto permite-nos colocar um circuito integrado no meio. Quando está no lugar, cada pino do circuito integrado liga-se a uma fila de orifícios que estão todos ligados [45].

Isto permite-nos criar circuitos rapidamente sem soldar ou torcer fios. Basta inserir os componentes que precisam de ser ligados na mesma fila de orifícios.

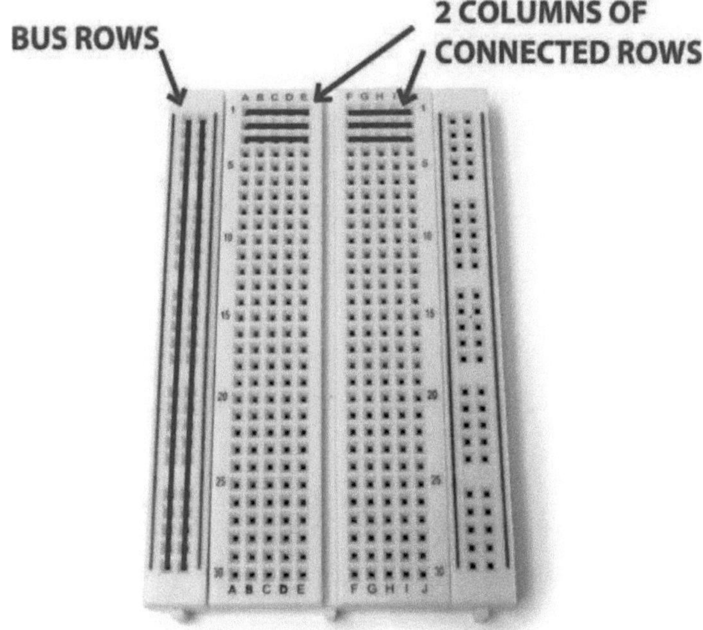

Figura 15 Placa de pão

Nos lados da placa de ensaio, existem duas linhas longas (designadas por linhas de bus). Uma é para a alimentação e a outra é para a terra. Podemos ligar a alimentação e a terra a estas linhas [46-48]. Assim, podemos usá-las facilmente em qualquer parte da placa de ensaio.

Existem diferentes tipos de placas de ensaio, que são as seguintes

a) **Placa de ensaio de tamanho normal**: Este é o maior tipo e tem muitos orifícios para grandes projectos.

b) **Meia placa de ensaio**: Esta é mais pequena do que a de tamanho normal e é boa para projectos médios.

c) **Mini breadboard**: Este é o tipo mais pequeno, utilizado para pequenos projectos com menos peças.

d) **Prancheta soldável**: Este tipo de placa é utilizado para criar circuitos permanentes depois de terminados os testes.

Estas placas de ensaio ajudam-nos a construir e a testar facilmente diferentes tipos de projectos electrónicos. Podemos escolher de acordo com as nossas necessidades.

Desperte a sua curiosidade sobre a Tábua de Pão

15.1 O que é uma placa de ensaio?

A nswer: Uma placa de ensaio é uma ferramenta utilizada para construir e testar circuitos electrónicos sem soldar.

15.2 Porque é que usamos uma placa de ensaio?

Resposta: Utilizamos uma placa de ensaio para ligar e testar facilmente peças electrónicas.

15.3 Qual é o principal objetivo de uma placa de ensaio?

Resposta: O principal objetivo é criar protótipos e fazer experiências com circuitos.

15.4 Podemos reutilizar uma placa de ensaio?

Resposta: Sim, podemos reutilizá-lo muitas vezes.

15.5 É necessário soldar componentes numa placa de ensaio?

Resposta: Não, não precisamos de soldar; basta ligar as peças.

15.6 Para que servem os orifícios de uma placa de ensaio?

Resposta: Os orifícios servem para inserir componentes electrónicos e fios.

15.7 Como é que ligamos os componentes numa placa de ensaio?

Resposta: Ligamo-las inserindo as suas pernas nos orifícios que estão ligados no interior.

15.8 De que é feita a base de plástico de uma placa de ensaio?

Resposta: A base é normalmente feita de plástico.

15.9 Os orifícios de uma placa de ensaio estão ligados no interior?

Resposta: Sim, existem tiras de metal no interior que ligam os orifícios.

15.10 Como se chama o metal no interior de uma placa de ensaio?

Resposta: O metal no interior é designado por tiras condutoras ou clipes metálicos.

15.11 Podemos testar circuitos numa placa de ensaio?

Resposta: Sim, podemos testar e modificar os circuitos facilmente.

15.12 Qual é uma utilização comum para uma placa de ensaio?

Resposta: Uma utilização comum é a aprendizagem e a experimentação da eletrónica.

15.13 Uma placa de ensaio é boa para aprender eletrónica?

Resposta: Sim, é muito bom para aprender.

15.14 Podemos construir um circuito permanente numa placa de ensaio?

Resposta: Não, os circuitos numa placa de ensaio são temporários.

15.15 São necessárias ferramentas especiais para utilizar uma placa de ensaio?

Resposta: Não, normalmente só precisamos de componentes e fios.

15.16 Como é que alimentamos um circuito numa placa de ensaio?

Resposta: Podemos alimentá-lo com uma bateria ou uma fonte de alimentação.

15.17 Que tipo de componentes podemos colocar numa placa de ensaio?

Resposta: Podemos colocar resistências, LEDs, condensadores e muitos outros componentes.

15.18 É seguro utilizar uma placa de ensaio para crianças?

Resposta: Sim, é seguro com supervisão adequada e circuitos de baixa tensão.

15.19 Podemos alterar facilmente o nosso circuito numa placa de ensaio?

Resposta: Sim, podemos alterá-lo facilmente deslocando os componentes.

15.20 Porque é que se chama "breadboard"?

Resposta: O seu nome vem das antigas tábuas de madeira utilizadas para fazer pão, onde os primeiros amadores construíam circuitos.

15.21 Podemos ligar uma bateria a uma placa de ensaio?

Resposta: Sim, podemos ligar uma bateria para alimentar o nosso circuito.

15.22 Como se chamam as tiras que ligam os orifícios de uma placa de ensaio?

Resposta: Chamam-se "bus strips" ou "power rails".

15.23 Podemos utilizar uma placa de ensaio para fazer acender uma luz?

Resposta: Sim, podemos utilizá-lo para ligar um circuito que acenda uma luz.

15.24 Uma placa de ensaio é apenas para pequenos circuitos?

Resposta: Não, podemos construir tanto circuitos pequenos como circuitos um pouco maiores.

15.25 O que é necessário para começar a utilizar uma placa de ensaio?

Resposta: Precisamos de componentes electrónicos, fios e uma fonte de alimentação.

15.26 Podemos aprender sobre eletricidade com uma placa de ensaio?

Resposta: Sim, é uma excelente forma de aprender sobre eletricidade e circuitos.

15.27 As placas de ensaio existem em tamanhos diferentes?

Resposta: Sim, existem em vários tamanhos.

15.28 Podemos utilizar uma placa de ensaio sem fios?

Resposta: Não, precisamos de fios para ligar os componentes.

15.29 Existem linhas numa placa de ensaio para nos ajudar a colocar os componentes?

Resposta: Sim, existem linhas e etiquetas que nos guiam.

15.30 Podemos utilizar uma placa de ensaio para construir um robô?

Resposta: Podemos começar com circuitos simples para um robô, mas os robôs complexos precisam de configurações mais avançadas.

15.31 Como é que sabemos onde colocar os componentes numa placa de ensaio?

Resposta: Podemos seguir diagramas de circuitos e utilizar a grelha e as etiquetas da placa de ensaio para ajudar a colocar os componentes corretamente.

Capítulo 16 : Wire

Para ligar componentes numa placa de ensaio, é necessário utilizar fios.

Os fios são óptimos porque ligam coisas ou componentes sem acrescentar resistência. Isto significa que podemos colocar peças em qualquer sítio e utilizar fios para as ligar. Também podemos usar fios para ligar um componente a muitos outros componentes. É melhor usar fios isolados de calibre 22 de núcleo sólido para placas de ensaio.

Figura 16 Os fios vermelhos são utilizados para ligar os terminais positivos e os pretos são utilizados para ligar à terra

16.1 Cores diferentes de fios

Existem muitas cores diferentes de fios, como se segue,

a) **Fio vermelho**: Este é normalmente utilizado para ligações de energia. Ajuda-nos a identificar rapidamente quais as partes (ou componentes) do nosso circuito que estão ligadas à fonte de alimentação.

b) **Fio preto**: Este é utilizado para ligações à terra. Ajuda-nos a ver quais os componentes que estão ligados à terra.

c) **Outras cores**: Também podemos utilizar outras cores, como o azul, o verde, o amarelo ou o branco, para nos ajudar a manter o registo das diferentes ligações. Isto é útil quando o nosso circuito se torna mais complicado.

16.2 Corte e decapagem de fios

Os fios devem ser cortados de forma correta para poderem ser utilizados na construção de circuitos,

1. **Medida**: Meça o comprimento do fio necessário para ligar dois pontos na placa de ensaio.
2. **Cortar**: Utilize um alicate de corte para cortar o fio com o comprimento correto.
3. **Descarne**: Utilize um descascador de fios para remover cerca de 1/4 de polegada de isolamento de ambas as extremidades do fio. Isto expõe a parte metálica que irá efetuar a ligação.

16.3 Utilizar fios numa placa de circuito impresso

Existem algumas formas de utilizar os fios numa placa de ensaio, que são as seguintes

1. **Inserir**: Introduzir uma extremidade do fio no orifício junto ao componente

que se pretende ligar. De seguida, empurre a outra extremidade para o orifício junto ao outro componente.

2. **Fixar**: Certifique-se de que o fio está bem colocado para não se soltar.

16.4 Estabelecer ligações

Se utilizarmos os fios de forma eficaz, podemos criar facilmente alguns projectos eléctricos e electrónicos interessantes numa placa de ensaio. Ajudam a ligar todos os componentes do circuito de uma forma limpa e organizada. Podemos utilizar os fios para implementar diferentes tipos de circuitos (ou ligações), como se segue,

a) **Ligação simples**: Se quisermos ligar uma resistência a um LED (discutido no Capítulo 12), podemos usar um pequeno pedaço de fio para ligar a linha com a resistência à linha com o LED, apenas para resistir à corrente para funcionar com precisão.

b) **Ligação complexa**: Para circuitos mais complexos, podemos utilizar vários fios de diferentes comprimentos e cores para ligar vários componentes.

16.5 Evitar curtos-circuitos

Devemos sempre tomar algumas precauções para evitar curto-circuitos. Estas precauções são as seguintes,

1. Verifique sempre se os fios não estão a tocar uns nos outros onde não devem estar. Isto pode provocar um curto-circuito.
2. Mantenha os fios organizados e planos contra a placa de ensaio para evitar ligações acidentais.

16.6 Kits de fios

Os kits de fios são conjuntos de fios pré-cortados e pré-destacados em vários comprimentos e cores. Foram concebidos para tornar a construção de circuitos numa placa de ensaio mais fácil e rápida. Em vez de cortar e descascar um fio comprido, podemos simplesmente selecionar os fios de que precisamos no kit.

16.6.1 Vantagens dos kits de arame

Os kits de fios incluem fios de núcleo sólido (ideais para breadboards) em várias cores, como vermelho, preto, azul, verde, amarelo e branco. Isto ajuda a codificar as ligações por cores (por exemplo, vermelho para a alimentação, preto para a terra) [49]. Os kits de fios vêm com fios de vários comprimentos, desde jumpers curtos a ligações mais longas, facilitando a procura do comprimento certo para as necessidades específicas, o que ajuda a criar um circuito limpo e organizado na placa de ensaio.

Desperte a sua curiosidade sobre o arame

16.1 O que é um fio?

Resposta: Um fio é um pedaço de metal longo e fino que transporta eletricidade.

16.2 Para que é que utilizamos os fios?

Responder: Utilizamos os fios para ligar aparelhos eléctricos e fazer circuitos.

16.3 Podemos ver os fios dentro dos brinquedos?

Resposta: Sim, os fios estão muitas vezes dentro dos brinquedos para os fazer iluminar ou mover.

16.4 Os fios existem em cores diferentes?

Resposta: Sim, os fios existem em muitas cores diferentes.

16.5 Os fios são utilizados nos edifícios?

Resposta: Sim, os fios são utilizados nos edifícios para levar a eletricidade às luzes e às tomadas.

16.6 Como se chamam as extremidades de um fio?

Resposta: As extremidades de um fio são designadas por terminais ou conectores.

16.7 Os fios podem ser grossos ou finos?

Resposta: Sim, os fios podem ser grossos ou finos, dependendo da quantidade de eletricidade que têm de transportar.

16.8 Os fios transportam eletricidade para os aparelhos?

Resposta: Sim, os fios transportam eletricidade para fazer funcionar os aparelhos.

16.9 O que acontece se um fio se partir?

Resposta: Se um fio estiver partido, a eletricidade não pode passar através dele e o dispositivo pode não funcionar.

16.10 Os fios dobram-se facilmente?

Resposta: Sim, os fios são flexíveis e podem dobrar-se.

16.11 Podemos encontrar fios nos televisores?

Resposta: Sim, os fios estão dentro dos televisores para ligar as peças e fazê-las funcionar.

16.12 Existem fios dentro dos computadores?

Resposta: Sim, os computadores têm fios para ligar peças como o teclado e o monitor.

16.13 Os fios podem ser utilizados para fazer um circuito?

Resposta: Sim, os fios ligam as peças de um circuito para o fazer funcionar.

16.14 Qual é a cor da maioria dos fios?

Resposta: A maioria dos fios são pretos, brancos ou vermelhos, mas podem ser de muitas cores diferentes.

16.15 Os fios têm de ser ligados corretamente?

Resposta: Sim, os fios têm de ser ligados da forma correta para que os dispositivos funcionem corretamente.

16.16 Podem ser utilizados fios para ligar uma bateria a uma lâmpada?

Resposta: Sim, os fios ligam a bateria para fazer com que a luz se acenda.

16.17 Os fios ficam quentes quando a eletricidade passa por eles?

Resposta: Por vezes, os fios podem aquecer se houver muita eletricidade a passar por eles.

16.18 Os fios podem ser encontrados nos telefones?

Resposta: Sim, os telemóveis têm fios no interior para ligar ao carregador e a outros componentes.

16.19 Podemos encontrar fios em candeeiros?

Resposta: Sim, as lâmpadas têm fios para ligar a lâmpada ao interrutor e à ficha.

16.20 É seguro tocar nos fios?

Resposta: Sim, os fios são seguros para tocar quando não estão ligados à eletricidade.

16.21 Os fios podem ser utilizados para fazer tocar uma campainha?

Resposta: Sim, os fios ligam o botão da campainha à campainha no interior da casa.

16.22 Os fios ajudam a enviar sinais para os altifalantes?

Resposta: Sim, os fios ligam aparelhos como rádios e televisores a altifalantes.

16.23 Podem ser utilizados fios para ligar os painéis solares?

Resposta: Sim, os fios ligam os painéis solares a baterias ou dispositivos para armazenar e utilizar a energia solar.

16.24 Os fios são fornecidos em bobinas ou carretéis?

Resposta: Sim, os fios são frequentemente enrolados em bobinas ou rolos para facilitar o armazenamento.

16.25 Podem ser utilizados fios para ligar um computador à Internet?

Resposta: Sim, os fios ligam os computadores aos routers e à Internet.

16.26 Existem fios dentro dos carros eléctricos?

Resposta: Sim, os carros eléctricos têm fios para ligar a bateria aos motores e a outras peças.

16.27 Podem ser utilizados fios para ligar botões a máquinas?

Resposta: Sim, os fios ligam os botões às máquinas para as pôr a funcionar ou parar.

16.28 Os fios ajudam a fazer soar os alarmes?

Resposta: Sim, os fios ligam os alarmes aos sensores para os fazer soar quando algo está errado.

16.29 Podem ser utilizados fios para ligar um televisor a uma consola de jogos?

Resposta: Sim, os fios ligam um televisor a uma consola de jogos para jogar jogos no ecrã.

16.30 Os fios ajudam os robots a moverem-se?

Resposta: Sim, os fios ligam os motores e os sensores dos robots para os fazer mover e sentir coisas.

16.31 Os fios podem ser encontrados nos relógios?

Resposta: Sim, os relógios têm pequenos fios no interior para ligar a pilha às peças do relógio.

16.32 Os fios ajudam a fazer com que os semáforos mudem de cor?

Resposta: Sim, os fios ligam os semáforos aos controladores para mudar as cores e controlar o tráfego.

Capítulo 17 : AC-DC

AC (corrente alternada) e DC (corrente contínua) são dois tipos de eletricidade que alimentam diferentes dispositivos no nosso quotidiano [50]. Ambos os tipos de eletricidade ajudam-nos de diferentes formas, fazendo com que os nossos brinquedos se movam e as nossas casas brilhem!

A corrente alternada muda de direção muitas vezes por segundo, razão pela qual é utilizada nas nossas casas e edifícios. A corrente alternada é como uma onda que vai e volta muitas vezes por segundo [52]. É eficiente no transporte de eletricidade a longas distâncias e alimenta aparelhos como frigoríficos e máquinas de lavar roupa [53].

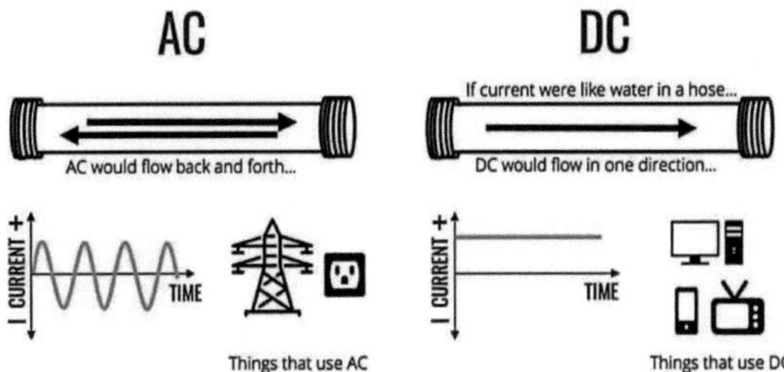

Figura 17.1 Corrente alternada e corrente contínua

A eletricidade de corrente contínua, por outro lado, flui numa só direção de forma constante. É normalmente utilizada em baterias e dispositivos electrónicos mais pequenos, como smartphones e brinquedos. A eletricidade DC flui em linha reta de um local para outro. Utilizamo-la em pequenas coisas que podemos transportar, como brinquedos e lanternas.

17.1 Vantagens do AC

A CA (corrente alternada) é utilizada em edifícios porque tem várias vantagens que a tornam adequada para alimentar casas, escritórios e outras estruturas,

1. **Transmissão eficiente**: A eletricidade AC pode percorrer longas distâncias desde as centrais eléctricas até aos edifícios sem perder muita energia [54]. Esta eficiência é crucial para o transporte de eletricidade entre cidades e regiões.
2. **Fácil controlo da tensão**: A tensão CA pode ser facilmente alterada utilizando transformadores. Esta capacidade de subir (aumentar) ou descer (diminuir) os níveis de tensão é importante para distribuir eletricidade a diferentes tensões necessárias para vários dispositivos.
3. **Alimentação de grandes electrodomésticos**: O AC é adequado para alimentar aparelhos de grandes dimensões, como frigoríficos, aparelhos de ar condicionado e máquinas de lavar roupa existentes em edifícios. Estes aparelhos requerem frequentemente as capacidades de potência mais elevadas que a CA pode fornecer.
4. **Segurança**: Os sistemas de corrente alternada são concebidos com caraterísticas de segurança, como disjuntores e sistemas de ligação à terra, para proteção contra riscos eléctricos. Estas medidas de segurança ajudam a garantir que os edifícios são seguros para os ocupantes.

5. **Compatibilidade**: Muitos dispositivos e sistemas eléctricos, incluindo aparelhos de iluminação e sistemas HVAC (aquecimento, ventilação e ar condicionado), são concebidos para funcionar com eletricidade AC. Esta compatibilidade simplifica a instalação e utilização em edifícios.

17.2 Vantagens da corrente contínua

A eletricidade DC (corrente contínua) oferece várias vantagens em diversas aplicações,

1. **Eficiência**: Os sistemas de corrente contínua têm normalmente menores perdas de energia do que os sistemas de corrente alternada, especialmente em transmissões de curta distância e aplicações de baixa tensão.

2. **Funcionamento com pilhas**: A corrente contínua é normalmente utilizada em baterias, permitindo fontes de energia portáteis que podem ser utilizadas em qualquer lugar sem necessidade de ligação a uma tomada eléctrica.
3. **Tensão estável**: A CC fornece uma tensão estável e constante, o que é importante para equipamentos electrónicos sensíveis e dispositivos que requerem níveis de tensão precisos.
4. **Segurança**: Os sistemas CC podem ser mais seguros em determinadas aplicações, uma vez que não têm os mesmos problemas de capacitância e interferência electromagnética que os sistemas CA.
5. **Integração de energias renováveis**: Muitas fontes de energia renováveis, como painéis solares e turbinas eólicas, geram eletricidade CC. A utilização de corrente contínua diretamente a partir destas fontes pode melhorar a

eficiência global do sistema.

6. **Automação e controlo**: Os motores e actuadores CC são normalmente utilizados em sistemas de automação e controlo devido às suas capacidades de controlo preciso da velocidade e do binário.
7. **Interferência electromagnética reduzida**: Os circuitos de corrente contínua produzem geralmente menos interferências electromagnéticas do que os circuitos de corrente alternada, o que pode ser benéfico em ambientes electrónicos sensíveis.
8. **Fácil de controlar**: O DC é fácil de utilizar e controlar, o que o torna ideal para alimentar pequenos dispositivos electrónicos e gadgets como smartphones, tablets e leitores de música portáteis.

Desperte a sua curiosidade sobre AC-DC

17.1 O que é a corrente alternada?

Resposta: AC (corrente alternada) é a eletricidade que muda de direção enquanto se move.

17.2 Onde é que utilizamos a corrente alterna?

Resposta: A corrente alternada é utilizada em casas, escolas e na maioria dos edifícios.

17.3 A corrente alternada provém de centrais eléctricas?

Resposta: Sim, a corrente alternada vem das centrais eléctricas para as nossas casas.

17.4 A corrente alternada pode alimentar luzes?

Resposta: Sim, a corrente alternada pode alimentar lâmpadas em candeeiros.

17.5 O que é que usamos para ligar coisas à corrente alterna?

Resposta: Utilizamos fichas para ligar aparelhos a tomadas de corrente alterna.

17.6 A corrente AC flui para a frente e para trás?

Resposta: Sim, a corrente alternada flui para a frente e para trás como um pêndulo oscilante.

17.7 A corrente alternada pode ser forte ou fraca?

Resposta: Sim, a corrente alternada pode ser forte ou fraca, dependendo da quantidade de eletricidade necessária.

17.8 É possível encontrar corrente alternada nos aparelhos de cozinha?

Resposta: Sim, os aparelhos de cozinha, como o micro-ondas, utilizam corrente alternada.

17.9 As ventoinhas utilizam corrente alternada para girar?

Resposta: Sim, as ventoinhas utilizam corrente alternada para fazer girar as pás.

17.10 A corrente alternada pode fazer funcionar os televisores?

Resposta: Sim, os televisores utilizam corrente alternada para mostrar imagens e reproduzir sons.

17.11 A corrente alternada é utilizada nas máquinas de lavar roupa?

Resposta: Sim, as máquinas de lavar roupa utilizam corrente alternada para lavar a roupa.

17.12 As tomadas de corrente AC têm dois orifícios?

Resposta: Sim, as tomadas de corrente AC têm normalmente dois orifícios para as fichas.

17.13 A corrente alternada pode carregar os telemóveis?

Resposta: Sim, a corrente AC carrega telemóveis e tablets.

17.14 A corrente alternada pode alimentar computadores?

Resposta: Sim, os computadores utilizam corrente alternada para funcionar.

17.15 A corrente alternada pode ser perigosa?

Resposta: Sim, a corrente AC pode ser perigosa se não for utilizada de forma segura.

17.16 A corrente alternada precisa de fios para transportar eletricidade?

Resposta: Sim, os fios transportam corrente alternada de um sítio para outro.

17.17 A corrente alternada pode alimentar candeeiros de iluminação pública?

Resposta: Sim, os candeeiros de rua utilizam corrente alternada para iluminar as estradas à noite.

17.18 A corrente alternada pode ser utilizada em aquecedores?

Resposta: Sim, os aquecedores utilizam corrente alternada para aquecer as divisões.

17.19 A corrente alternada pode fazer subir e descer elevadores?

Resposta: Sim, os elevadores utilizam corrente alternada para se deslocarem entre pisos.

17.20 A corrente alternada é utilizada nos secadores de cabelo?

Resposta: Sim, os secadores de cabelo utilizam corrente alternada para soprar ar quente.

17.21 A corrente AC tem um lado positivo e um lado negativo?

Resposta: Não, a corrente AC não tem um lado positivo ou negativo como a corrente DC.

17.22 A corrente alternada pode alimentar aparelhos de ar condicionado?

Resposta: Sim, os aparelhos de ar condicionado utilizam corrente alternada para arrefecer as divisões.

17.23 A corrente alternada pode ser utilizada em rádios?

Resposta: Sim, os rádios utilizam corrente alternada para reproduzir música e notícias.

17.24 A corrente alternada pode tornar os frigoríficos frios?

Resposta: Sim, os frigoríficos utilizam corrente alternada para manter os alimentos frios.

17.25 A corrente alternada pode alimentar semáforos?

Resposta: Sim, os semáforos utilizam corrente alternada para controlar o tráfego.

17.26 A corrente alternada pode fazer tocar os despertadores?

Resposta: Sim, os despertadores utilizam corrente alternada para acordar as pessoas.

17.27 A corrente alternada pode fazer funcionar os aspiradores?

Resposta: Sim, os aspiradores utilizam corrente alternada para limpar os pavimentos.

17.28 A corrente alternada é utilizada nos comboios eléctricos?

Resposta: Sim, os comboios eléctricos utilizam corrente alternada para se deslocarem nos carris.

17.29 A corrente alternada pode alimentar berbequins?

Resposta: Sim, os berbequins utilizam corrente alternada para fazer furos.

17.30 A corrente alternada pode ser encontrada em guitarras eléctricas?

Resposta: Sim, as guitarras eléctricas utilizam corrente alternada para tocar música.

17.31 O que é a corrente contínua?

Resposta: DC (Diret Current) é a eletricidade que flui numa só direção.

17.32 Onde é que utilizamos a corrente contínua?

Resposta: A corrente contínua é utilizada em pilhas e pequenos aparelhos electrónicos.

17.33 A corrente contínua provém das baterias?

Resposta: Sim, a corrente contínua provém das pilhas dos brinquedos e dos controlos remotos.

17.34 A corrente contínua pode alimentar pequenas luzes?

Resposta: Sim, a corrente contínua pode alimentar pequenas luzes em lanternas.

17.35 O que é que utilizamos para ligar coisas à corrente contínua?

Resposta: Utilizamos fios para ligar dispositivos a fontes de corrente contínua.

17.36 A corrente contínua flui em linha reta?

Resposta: Sim, a corrente contínua flui numa direção, como um rio.

17.37 A corrente contínua pode ser forte ou fraca?

Resposta: Sim, a corrente CC pode ser forte ou fraca, dependendo do tamanho da pilha.

17.38 Podemos encontrar corrente contínua nos brinquedos electrónicos?

Resposta: Sim, os brinquedos electrónicos utilizam corrente contínua para se iluminarem e emitirem sons.

17.39 Os carros telecomandados utilizam corrente contínua para se deslocarem?

Resposta: Sim, os carros telecomandados utilizam corrente contínua para conduzir.

17.40 A corrente contínua pode alimentar calculadoras?

Resposta: Sim, as calculadoras utilizam corrente contínua para calcular números.

17.41 A corrente contínua é utilizada nos relógios digitais?

A nswer: Sim, os relógios digitais utilizam corrente contínua para mostrar as horas.

17.42 A corrente contínua pode ser utilizada em dispositivos alimentados por energia solar?

Resposta: Sim, os dispositivos alimentados por energia solar utilizam a corrente contínua da luz solar.

Capítulo 18 : Motor

Imagina uma pequena roda dentro de um carro de brincar. Quando premimos o botão, esta roda gira e faz o carro andar. Esta pequena roda giratória chama-se motor [55].

Um motor é como uma roda mágica que ajuda as coisas a moverem-se. Imagina uma pequena roda dentro de um carrinho de brincar que faz o carro andar para a frente quando a ligamos. A essa pequena roda chama-se motor. Os motores são utilizados em muitas coisas que vemos e usamos todos os dias, por exemplo, nas rodas dos carrinhos de brincar, nas pás dos helicópteros, nas ventoinhas de teto, na máquina de lavar roupa, a peça que faz girar os panos, na bomba eléctrica para o abastecimento de água, na batedeira, no frigorífico, que utiliza um motor para arrefecer o compressor, nos aspiradores de pó que aspiram a sujidade e o pó, limpando as nossas casas, na escova de dentes eléctrica, nos secadores de cabelo, etc. Geralmente, utilizamos dois tipos de motores: (i) Motor CA (funciona com corrente alternada); (ii) Motor CC (funciona com corrente contínua). Os motores CA e os motores CC são essenciais em diferentes aplicações devido às suas caraterísticas únicas [56].

18.1 Diferença entre motor CA e motor CC

18.1.1 Motor CA (Motor de corrente alternada)

- **Fonte de alimentação**: Utiliza eletricidade da ficha de parede, que é AC (corrente alternada), por exemplo, a ventoinha do nosso quarto.

- **Como funciona**: A eletricidade muda de direção, fazendo girar o motor.

18.1.2 Motor DC (Motor de corrente contínua)

- **Fonte de energia**: Utiliza pilhas, que fornecem corrente contínua (DC), por exemplo, um carro de brincar ou um pequeno robot.
- **Como funciona**: A eletricidade flui numa direção, fazendo girar o motor.

18.2 Utilização de motores DC em circuitos electrónicos

Estas vantagens fazem dos motores CC uma escolha popular em muitos circuitos e dispositivos electrónicos, contribuindo para a sua utilização generalizada em várias aplicações [57-59]. Os motores CC são como ajudantes especiais para circuitos electrónicos, especialmente em brinquedos e pequenos aparelhos. As razões são as seguintes,

- **Simples de controlar**: São fáceis de arrancar, parar e controlar a velocidade.
- **Portabilidade**: Funcionam com pilhas, pelo que podemos utilizá-los em qualquer lugar sem precisar de uma tomada eléctrica.
- **Tamanho compacto**: Os motores CC são fornecidos em tamanhos pequenos, ideais para serem instalados em pequenos dispositivos electrónicos e gadgets.
- **Elevada eficiência**: Convertem a energia eléctrica em energia mecânica de forma eficiente, garantindo um melhor desempenho dos nossos dispositivos.
- **Económicos**: Os motores CC são geralmente mais baratos de fabricar e

manter, o que os torna uma opção económica.

- **Resposta rápida**: Podem mudar rapidamente de velocidade e direção, o que é crucial para aplicações que necessitem de movimentos rápidos e precisos.
- **Baixo ruído**: Os motores CC funcionam silenciosamente, o que é benéfico para dispositivos em que o ruído é uma preocupação, como electrodomésticos e aparelhos pessoais.
- **Durabilidade**: São robustos e podem resistir a condições variáveis, proporcionando um desempenho duradouro em circuitos electrónicos.
- **Versatilidade**: Os motores CC são utilizados numa vasta gama de aplicações, desde pequenos brinquedos e gadgets a dispositivos maiores, como veículos eléctricos.
- **Funcionamento suave**: Proporcionam um funcionamento suave e consistente, o que é essencial para aplicações que requerem um desempenho estável e fiável.

Desperte a sua curiosidade sobre o motor

18.1 O que é um motor?

Responder: Um motor é uma máquina que faz as coisas moverem-se.

18.2 O que é que os motores fazem?

Resposta: Os motores transformam a energia eléctrica em movimento.

18.3 Os motores podem fazer girar as rodas?

Resposta: Sim, os motores podem fazer girar as rodas.

18.4 Os automóveis têm motores?

Resposta: Sim, os automóveis têm motores.

18.5 Os motores podem ser grandes ou pequenos?

Resposta: Sim, os motores existem em diferentes tamanhos.

18.6 O que alimenta um motor?

Resposta: Os motores são alimentados por eletricidade ou combustível.

18.7 Um motor pode fazer um brinquedo mexer-se?

Resposta: Sim, os motores podem fazer os brinquedos mexerem-se.

18.8 Existem motores nas ventoinhas?

Resposta: Sim, as ventoinhas têm motores para fazer girar as pás.

18.9 As máquinas de lavar roupa utilizam motores?

Resposta: Sim, as máquinas de lavar roupa utilizam motores para rodar o tambor.

18.10 Os motores podem ser encontrados em robots?

Resposta: Sim, os motores são utilizados nos robots para os fazer mover.

18.11 Como se chama um pequeno motor?

Resposta: Um motor pequeno é frequentemente designado por micro-motor.

18.12 Os motores são utilizados nos aviões?

Resposta: Sim, os aviões têm motores para acionar os motores.

18.13 Os motores podem ajudar a fazer girar as coisas?

Resposta: Sim, os motores fazem girar coisas como as lâminas e as rodas.

18.14 Os automóveis eléctricos utilizam motores?

Resposta: Sim, os automóveis eléctricos utilizam motores eléctricos.

18.15 Podemos encontrar motores nos brinquedos?

Resposta: Sim, muitos brinquedos têm pequenos motores.

18.16 Como se chama o motor de uma ventoinha?

Resposta: Chama-se motor de ventilador.

18.17 Os motores podem ajudar a levantar coisas?

Resposta: Sim, os motores podem levantar coisas rodando engrenagens ou polias.

18.18 Existem motores nos comboios eléctricos?

Resposta: Sim, os comboios eléctricos têm motores.

18.19 Pode um motor estar dentro de um computador?

Resposta: Sim, os computadores têm pequenos motores, como nos discos rígidos e nas ventoinhas de arrefecimento.

18.20 O que é que faz um motor arrancar?

Resposta: A eletricidade ou o combustível fazem arrancar um motor.

18.21 Os motores fazem barulho?

Resposta: Sim, muitos motores fazem ruído quando estão a funcionar.

18.22 Existem motores nos aparelhos de cozinha?

Resposta: Sim, os electrodomésticos de cozinha, como as liquidificadoras, têm motores.

18.23 Um motor pode fazer um barco mover-se?

Resposta: Sim, os motores podem alimentar os barcos.

18.24 As trotinetes eléctricas utilizam motores?

Resposta: Sim, as trotinetes eléctricas têm motores.

18.25 Um motor pode fazer abrir e fechar uma porta?

Resposta: Sim, os motores podem ser utilizados para abrir e fechar portas.

18.26 O que chamamos a um motor num automóvel?

Resposta: Chama-se motor ou motor.

18.27 Os motores são utilizados em equipamentos de construção?

Resposta: Sim, os equipamentos de construção, como as gruas, têm motores.

18.28 Os motores podem ser utilizados em instrumentos musicais?

Resposta: Sim, alguns instrumentos, como as guitarras eléctricas, têm motores.

18.29 Qual é a função de um motor num aspirador?

Resposta: Potencia a sucção para limpar o chão.

18.30 Pode encontrar-se um motor numa bicicleta?

Resposta: Sim, as bicicletas eléctricas têm motores.

18.31 Os motores precisam de eletricidade para funcionar?

Resposta: Os motores eléctricos precisam de eletricidade para funcionar.

18.32 Os motores podem ajudar a fazer com que as coisas se movam para cima e para baixo?

Resposta: Sim, os motores podem mover coisas para cima e para baixo com a ajuda de engrenagens ou polias.

18.33 Os motores dos brinquedos chamam-se motores de brinquedo?

Resposta: Sim, são frequentemente designados por motores de brinquedo.

18.34 Os berbequins eléctricos têm motor?

Resposta: Sim, os berbequins eléctricos têm motores para rodar a broca.

18.35 Os motores podem ser utilizados em experiências científicas?

Resposta: Sim, os motores são utilizados em muitas experiências científicas.

18.36 Como se chama o motor de um avião?

Resposta: Chama-se motor ou motor de avião.

18.37 Os motores ajudam a mover as correias transportadoras?

Resposta: Sim, os motores movem as correias transportadoras.

18.38 Os motores podem ser utilizados em dispositivos médicos?

Resposta: Sim, alguns dispositivos médicos têm motores.

18.39 Os motores dos relógios chamam-se motores de relógio?

Resposta: Sim, chamam-se motores ou movimentos de relógio.

18.40 Um motor pode fazer parte de uma ferramenta eléctrica?

Resposta: Sim, as ferramentas eléctricas, como as serras e os berbequins, têm motores.

18.41 Os motores fazem com que as coisas andem depressa?

Resposta: Sim, os motores podem fazer com que as coisas se movam rapidamente.

18.42 Existem motores nos elevadores?

Resposta: Sim, os elevadores utilizam motores para se deslocarem para cima e para baixo.

18.43 Os motores podem ser controlados por um controlo remoto?

Resposta: Sim, alguns motores podem ser controlados por controlos remotos.

18.44 Os motores dos brinquedos precisam de pilhas?

Resposta: Sim, muitos motores de brincar precisam de pilhas para funcionar.

18.45 Os motores podem ajudar a misturar ingredientes numa cozinha?

Resposta: Sim, as batedeiras e os misturadores têm motores.

18.46 Existem motores nas máquinas de barbear eléctricas?

Resposta: Sim, as máquinas de barbear eléctricas têm motores pequenos.

18.47 Os motores podem fazer as coisas voar?

Resposta: Sim, os motores dos drones e aviões ajudam-nos a voar.

18.48 Os robots utilizam motores para mover os braços?

Resposta: Sim, os robots utilizam motores para mover os braços.

18.49 Os motores podem ser encontrados em ferramentas de jardinagem?

Resposta: Sim, muitas ferramentas de jardinagem, como os cortadores de relva eléctricos, têm motores.

18.50 Os motores necessitam de manutenção?

Resposta: Sim, os motores precisam de cuidados e manutenção para continuarem a funcionar bem.

18.51 Um motor pode fazer mover um carrinho de brincar?

Resposta: Sim, um motor pode fazer mover um carrinho de brincar.

18.52 Existem motores nas escovas de dentes eléctricas?

Resposta: Sim, as escovas de dentes eléctricas têm pequenos motores que vibram ou giram.

18.53 O que é um motor DC?

Responder: Um motor de corrente contínua é um tipo de motor que utiliza eletricidade de uma fonte de corrente contínua, como uma bateria, para fazer mover as coisas.

18.54 Para que é que um motor DC é utilizado na robótica?

Resposta: Os motores de corrente contínua na robótica são utilizados para fazer os robôs moverem-se, por exemplo, para fazer girar as rodas.

18.55 Um robô pode utilizar mais do que um motor DC?

Resposta: Sim, os robots podem utilizar vários motores DC para mover diferentes partes, como braços e rodas.

18.56 Como é que um motor DC num robô obtém energia?

Resposta: Um motor DC num robô recebe energia de baterias ou de outra fonte de energia.

18.57 Um motor DC pode ajudar um robô a apanhar coisas?

Resposta: Sim, os motores CC podem ser utilizados em robôs para mover braços ou pinças para apanhar objectos.

18.58 Porque é que os motores CC são importantes na robótica?

Resposta: Os motores CC são importantes na robótica porque ajudam os robôs a moverem-se e a realizarem tarefas, como andar ou agarrar objectos.

Capítulo 19 : Ligação à terra

Imagine que a nossa casa é como um grande puzzle com muitas peças. A ligação à terra é como uma peça especial que mantém tudo seguro. É como ter uma corda super forte que liga todas as partes metálicas da nossa casa, como as fichas e os electrodomésticos, ao solo lá fora [60-62]. Se houver demasiada eletricidade ou se algo correr mal, esta corda ajuda a eletricidade a ir em segurança para a terra (local de repouso do eletrão), onde não pode magoar ninguém nem fazer com que as coisas se partam. Assim, a ligação à terra é como um super-herói que nos mantém a salvo da eletricidade e garante que tudo nas nossas casas funciona corretamente.

A ligação à terra é como dar às nossas casas e electrodomésticos um abraço de segurança especial do solo. Mantém-nos a salvo da eletricidade, dando-lhe um lugar seguro para onde ir se houver demasiada. Tal como usamos sapatos para proteger os nossos pés, a ligação à terra protege as nossas casas e aparelhos de choques eléctricos. É como uma magia que mantém tudo a funcionar sem problemas e em segurança. Por isso, quando vemos fios a entrar no solo no exterior das nossas casas, estão a ajudar a manter-nos seguros e a garantir que tudo funciona corretamente no interior.

A ligação à terra é uma medida de segurança vital que nos protege dos perigos eléctricos. Funciona ligando as partes metálicas dos dispositivos e aparelhos eléctricos à terra através de fios especiais. Esta ligação garante que, se houver demasiada eletricidade ou um problema com a cablagem, esta pode fluir em segurança para o solo em vez de causar danos. A ligação à terra evita choques eléctricos que podem ferir as pessoas e ajuda a manter as nossas casas e edifícios a salvo de incêndios causados por problemas eléctricos. É como um protetor silencioso que garante que tudo funciona sem problemas e em segurança no nosso dia a dia.

Desperte a sua curiosidade sobre a ligação à terra

19.1 O que é a ligação à terra?

A nswer: A ligação à terra é uma medida de segurança para proteger as pessoas de choques eléctricos.

19.2 Porque é que precisamos de ligação à terra?

Resposta: Precisamos de ligação à terra para direcionar a eletricidade para o solo em segurança.

19.3 A ligação à terra utiliza fios?

Resposta: Sim, a ligação à terra utiliza fios para ligar os aparelhos à terra.

19.4 A ligação à terra pode evitar choques eléctricos?

Resposta: Sim, a ligação à terra evita os choques eléctricos, afastando a eletricidade de forma segura.

19.5 A ligação à terra é utilizada nas casas?

Resposta: Sim, a ligação à terra é utilizada nas casas para manter as pessoas protegidas da eletricidade.

19.6 A ligação à terra é feita através de hastes metálicas no solo?

Resposta: Sim, a ligação à terra liga-se a hastes ou placas metálicas enterradas no solo.

19.7 A ligação à terra pode ajudar a proteger os aparelhos?

Resposta: Sim, a ligação à terra ajuda a proteger os aparelhos de danos provocados pela eletricidade.

19.8 A ligação à terra é utilizada nas tomadas eléctricas?

Resposta: Sim, as tomadas eléctricas são frequentemente ligadas à terra por razões de segurança.

19.9 A ligação à terra pode ser utilizada em candeeiros de exterior?

Resposta: Sim, as luzes exteriores são ligadas à terra para evitar acidentes.

19.10 A ligação à terra funciona tanto com eletricidade AC como DC?

Resposta: Sim, a ligação à terra é importante tanto para a eletricidade AC como para a eletricidade DC.

19.11 A ligação à terra pode ser vista nos quadros eléctricos?

Resposta: Sim, os quadros eléctricos têm ligações à terra.

19.12 Porque é que os edifícios têm sistemas de ligação à terra?

Resposta: Os edifícios têm sistemas de ligação à terra para proteger as pessoas e os equipamentos.

19.13 A ligação à terra pode evitar incêndios?

Resposta: Sim, a ligação à terra pode evitar incêndios provocados por falhas eléctricas.

19.14 Os aparelhos como os frigoríficos precisam de ligação à terra?

Resposta: Sim, os aparelhos com partes metálicas necessitam de ligação à terra.

19.15 A ligação à terra pode ajudar na proteção contra os raios?

Resposta: Sim, a ligação à terra pode proteger os edifícios da queda de raios.

19.16 A ligação à terra é feita através de tubos de água?

Resposta: Não, a ligação à terra utiliza fios ou hastes específicas, não tubos de água.

19.17 A ligação à terra pode ser utilizada em piscinas?

Resposta: Sim, a ligação à terra é utilizada nas piscinas por razões de segurança.

19.18 A ligação à terra tem de ser verificada regularmente?

Resposta: Sim, a ligação à terra deve ser verificada para garantir o seu correto funcionamento.

19.19 A ligação à terra pode ser utilizada em baterias de automóveis?

Resposta: Sim, as baterias dos automóveis são ligadas à terra do chassis.

19.20 Ligar à terra é o mesmo que aterrar?

Resposta: Sim, a ligação à terra e a ligação à terra significam a mesma coisa.

19.21 A ligação à terra pode ser utilizada em linhas eléctricas?

Resposta: Sim, as linhas eléctricas são ligadas à terra para proteção contra falhas.

19.22 A ligação à terra pode ser utilizada em vedações eléctricas?

Resposta: Sim, as vedações eléctricas são ligadas à terra para evitar choques.

19.23 A ligação à terra utiliza símbolos especiais nos diagramas?

Resposta: Sim, a ligação à terra é apresentada com símbolos específicos nos diagramas eléctricos.

19.24 A ligação à terra pode ser utilizada nos hospitais?

Resposta: Sim, os hospitais utilizam a ligação à terra para segurança do equipamento médico.

19.25 A ligação à terra pode evitar danos nos computadores?

Resposta: Sim, a ligação à terra protege os computadores de picos eléctricos.

19.26 A ligação à terra é utilizada nas linhas eléctricas aéreas?

Resposta: Sim, as linhas eléctricas aéreas são ligadas à terra por razões de segurança.

19.27 A ligação à terra pode ser utilizada em circuitos eléctricos?

A nswer: Sim, os circuitos eléctricos são ligados à terra para proteger contra as avarias.

19.28 A ligação à terra torna a eletricidade mais segura?

Resposta: Sim, a ligação à terra torna a eletricidade mais segura para todos.

Capítulo 20 : Ficha de 3 pinos

Uma ficha de 3 pinos é uma ferramenta especial que nos ajuda a utilizar a eletricidade em segurança nas nossas casas. Parece uma pequena caixa com três paus de metal (ver figura 20.1), chamados pinos, a sair. Estes pinos são como os ajudantes que ligam os nossos aparelhos eléctricos à energia das nossas paredes. Um pino é para a energia, outro é para a parte neutra (que ajuda a eletricidade a fluir de volta em segurança) e o terceiro é para a ligação à terra. A ligação à terra (ver Capítulo 19) é muito importante porque nos mantém a salvo de qualquer eletricidade extra que possa escapar e causar danos. Geralmente, a ficha de 3 pinos funciona com corrente alternada (CA).

Quando utilizamos uma ficha de 3 pinos, colocamo-la numa tomada na parede. Esta tomada é como uma porta especial que deixa entrar a eletricidade em nossa casa. Dentro da ficha, há um pequeno interrutor chamado fusível (ver figura 20.1, imagem da direita). O fusível é como um pequeno super-herói que protege os nossos aparelhos de receberem demasiada eletricidade. Se algo correr mal e tentar passar demasiada eletricidade, o fusível parte-se e pára a corrente, mantendo-nos em segurança.

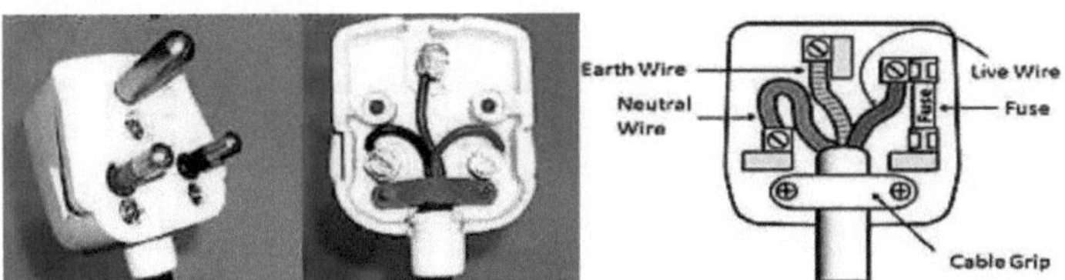

Figura 20.1 Uma ficha de 3 pinos

Assim, sempre que ligamos algo como um candeeiro ou um televisor com uma ficha de 3 pinos, estamos a utilizar algo que foi concebido para nos manter seguros e garantir que as nossas coisas funcionam bem. É como ter um amigo prestável que garante que tudo na nossa casa se mantém brilhante e divertido!

Desperte a sua curiosidade sobre a ficha de 3 pinos

20.1 O que é um ponto de tomada?

Responder: Um ponto de tomada é um local onde podemos ligar aparelhos eléctricos para obter eletricidade.

20.2 Onde podemos encontrar pontos de ligação na nossa casa?

Resposta: Os pontos de tomada encontram-se normalmente nas paredes de diferentes divisões da nossa casa.

20.3 Porque é que precisamos de pontos de ligação?

Resposta: Precisamos de pontos de tomada para ligar aparelhos eléctricos como candeeiros, televisores e carregadores para que possam funcionar.

20.4 Qual é o aspeto de uma ficha?

Resposta: Uma ficha é um pequeno objeto com duas ou três pontas de metal que se encaixa numa tomada para obter eletricidade.

20.5 Como é que um ponto de tomada fornece eletricidade aos aparelhos?

Resposta: Quando ligamos um aparelho à corrente, a eletricidade passa do ponto de tomada, através da ficha, para o aparelho.

20.6 É possível ligar mais do que um dispositivo a um ponto de tomada?

Resposta: Sim, mas devemos ter o cuidado de não ligar demasiados aparelhos ao mesmo tempo para não sobrecarregar o ponto de tomada.

20.7 Porque é que os pontos de tomada têm interruptores?

Resposta: Os interruptores nos pontos de tomada ajudam-nos a ligar ou desligar a eletricidade dos aparelhos sem os desligar da tomada.

20.8 O que devemos fazer antes de ligar um dispositivo?

Resposta: Por segurança, devemos verificar se o dispositivo está desligado antes de o ligar à corrente.

20.9 Podemos ligar um candeeiro a um ponto de tomada?

Resposta: Sim, podemos ligar uma lâmpada a um ponto de tomada para a fazer acender.

20.10 O que acontece se tocarmos num ponto de tomada com as mãos molhadas?

Resposta: É perigoso tocar num ponto de tomada com as mãos molhadas, porque a água pode conduzir eletricidade e dar-nos um choque.

20.11 Porque é que nunca devemos colocar os dedos ou objectos num ponto de tomada?

Responder: É muito perigoso colocar os dedos ou objectos num ponto de tomada porque isso pode provocar um forte choque elétrico.

20.12 O que devemos fazer se um ponto de tomada estiver partido?

Resposta: Devemos avisar imediatamente um adulto e não tocar no aparelho até que esteja arranjado, para nos mantermos seguros.

20.13 Todos os pontos da ficha têm o mesmo aspeto?

Resposta: Os pontos de tomada podem parecer diferentes consoante o local onde nos encontramos, mas funcionam todos da mesma forma.

20.14 Porque é que alguns pontos de encaixe têm três orifícios em vez de dois?

Resposta: Alguns aparelhos precisam de três orifícios para funcionar em segurança porque têm um fio extra chamado fio de terra que os mantém seguros.

20.15 Podemos ligar um carregador de telemóvel a um ponto de tomada?

Resposta: Sim, podemos ligar um carregador de telemóvel a um ponto de tomada para carregar o nosso telemóvel.

20.16 Como é que sabemos se um ponto de tomada está ligado ou desligado?

Resposta: Podemos ver se um ponto de tomada está ligado ou desligado olhando para o interrutor. Se estiver em baixo, está ligado; se estiver em cima, está desligado.

20.17 Para que é que utilizamos as tomadas de corrente na cozinha?

Resposta: Na cozinha, utilizamos pontos de tomada para aparelhos como micro-ondas, liquidificadores e torradeiras.

20.18 Porque é que os pontos de tomada têm tampas?

Resposta: Os pontos de tomada têm tampas para nos manter seguros e para proteger as partes eléctricas no seu interior.

20.19 Podemos ligar um televisor a um ponto de tomada?

Resposta: Sim, podemos ligar um televisor a um ponto de tomada para podermos ver os nossos programas favoritos.

20.20 Como desligar a eletricidade de um ponto de tomada?

Resposta: Podemos desligar a eletricidade de um ponto de tomada, rodando o interruptor do ponto de tomada para a posição de desligado.

20.21 Porque é que precisamos de pontos de ligação na nossa sala de aula?

Resposta: Precisamos de pontos de ligação na nossa sala de aula para ligar coisas como computadores, projectores e ventoinhas.

20.22 Quem deve ligar os aparelhos aos pontos de tomada?

Resposta: Um adulto ou uma pessoa mais velha deve ligar os aparelhos aos pontos de tomada para se manter em segurança.

20.23 Podemos utilizar um ponto de tomada para carregar um tablet?

Resposta: Sim, podemos utilizar um ponto de tomada para carregar um tablet, de modo a podermos utilizá-lo para ler livros e jogar jogos.

20.24 De que cores são normalmente os pontos de tomada?

Resposta: Os pontos de tomada são normalmente brancos, beges ou cinzentos para combinar com as paredes da nossa casa.

20.25 Porque é que alguns pontos de encaixe têm orifícios de formas diferentes?

Resposta: Alguns pontos de obturação têm orifícios de formas diferentes para se adaptarem a diferentes tipos de obturação.

20.26 Como é que sabemos se um ponto de tomada é seguro para utilização?

Resposta: Podemos verificar se um ponto de tomada é seguro para utilização olhando para ele para nos certificarmos de que não está partido e que o interruptor funciona.

20.27 Qual é a diferença entre um ponto de tomada e um interruptor de luz?

Resposta: Um ponto de tomada permite-nos ligar dispositivos para obter eletricidade, enquanto um interrutor de luz liga e desliga as luzes.

20.28 Podemos ligar um aspirador de pó a um ponto de tomada?

Resposta: Sim, podemos ligar um aspirador a um ponto de tomada para limpar o chão.

20.29 Porque é que alguns pontos de tomada têm portas USB?

Resposta: Alguns pontos de tomada têm portas USB para que possamos carregar dispositivos como telemóveis e tablets sem precisar de um carregador separado.

20.30 O que fazer se um ponto de tomada aquecer?

Responder: Se um ponto de tomada ficar quente, devemos avisar imediatamente um adulto porque pode ser perigoso.

20.31 Podemos ver a eletricidade a passar por um ponto de tomada?

Resposta: Não, não podemos ver a eletricidade a passar por um ponto de tomada porque é invisível, mas sabemos que está lá porque faz com que os nossos aparelhos funcionem.

20.32 Como é que os pontos de conexão nos ajudam na nossa vida quotidiana?

Resposta: Os pontos de tomada ajudam-nos a fornecer eletricidade aos aparelhos que utilizamos diariamente, como as luzes,

televisores e computadores, tornando as nossas vidas mais fáceis e divertidas.

20.33 O que é um fio positivo num ponto de tomada?

Resposta: O fio positivo de um ponto de tomada transporta a eletricidade da fonte de alimentação para o dispositivo.

20.34 Porque é que o fio positivo é importante?

Resposta: O fio positivo fornece a eletricidade que faz funcionar os nossos aparelhos, como carregar os nossos tablets e acender as luzes.

20.35 O que é um fio negativo num ponto de tomada?

Resposta: O fio negativo de um ponto de tomada completa o circuito e transporta a eletricidade de volta para a fonte de alimentação.

20.36 Porque é que precisamos de um fio negativo?

Resposta: O fio negativo ajuda a eletricidade a fluir corretamente através do circuito, assegurando que tudo funciona em segurança.

20.37 O que é um fio neutro num ponto de tomada?

Resposta: O fio neutro num ponto de tomada transporta a eletricidade do dispositivo de volta para a fonte de alimentação.

20.38 Qual é a diferença entre o fio neutro e o fio positivo?

Resposta: O fio neutro não transporta a corrente eléctrica principal como o fio positivo; completa o circuito e devolve a eletricidade.

20.39 Porque é que é importante conhecer os fios positivos e negativos?

Responder: Conhecer os fios positivos e negativos ajuda-nos a compreender como a eletricidade flui através dos pontos de ligação e dos aparelhos.

20.40 Podemos tocar nos fios positivos ou negativos de um ponto de tomada?

Resposta: Não, não é seguro tocar nos fios positivo ou negativo porque transportam eletricidade, o que nos pode dar um choque.

20.41 Porque é que o fio neutro se chama "neutro"?

Resposta: O fio neutro é chamado neutro porque não tem carga eléctrica; é como o caminho do meio para a eletricidade fluir em segurança.

20.42 O que acontece se misturarmos os fios positivo e negativo quando ligamos um dispositivo?

Resposta: Se misturarmos os fios positivo e negativo, o dispositivo pode não funcionar corretamente ou pode ficar danificado.

20.43 Todos os pontos de tomada têm fios positivos, negativos e neutros?

Resposta: Sim, todos os pontos de tomada têm fios positivos, negativos e neutros para transportar com segurança a eletricidade de e para os aparelhos.

20.44 Como podemos saber qual é o fio positivo, negativo e neutro num ponto de tomada?

Resposta: O fio positivo é normalmente de cor preta, vermelha ou outra cor viva. O fio negativo é frequentemente de cor azul, enquanto o fio neutro é normalmente de cor branca ou cinzenta.

20.45 O que é um fio positivo num ponto de tomada?

Resposta: O fio positivo de um ponto de tomada transporta a eletricidade da fonte de alimentação para o dispositivo.

20.46 Porque é que o fio positivo é importante?

Resposta: O fio positivo fornece a eletricidade que faz funcionar os nossos aparelhos, como carregar os nossos tablets e acender as luzes.

20.47 O que é um fio negativo num ponto de tomada?

Resposta: O fio negativo de um ponto de tomada completa o circuito e transporta a eletricidade de volta para a fonte de alimentação.

20.48 Porque é que precisamos de um fio negativo?

Resposta: O fio negativo ajuda a eletricidade a fluir corretamente através do circuito, assegurando que tudo funciona em segurança.

20.49 O que é um fio neutro num ponto de tomada?

Resposta: O fio neutro num ponto de tomada transporta a eletricidade do dispositivo de volta para a fonte de alimentação.

20.50 Qual é a diferença entre o fio neutro e o fio positivo?

Resposta: O fio neutro não transporta a corrente eléctrica principal como o fio positivo; completa o circuito e devolve a eletricidade.

20.51 Porque é que é importante conhecer os fios positivos e negativos?

Responder: Conhecer os fios positivos e negativos ajuda-nos a compreender como a eletricidade flui através dos pontos de ligação e dos dispositivos.

20.52 Podemos tocar nos fios positivos ou negativos de um ponto de tomada?

Resposta: Não, não é seguro tocar nos fios positivo ou negativo porque transportam eletricidade, o que nos pode dar um choque.

20.53 Porque é que o fio neutro se chama "neutro"?

Resposta: O fio neutro é chamado neutro porque não tem carga eléctrica; é como o caminho do meio para a eletricidade fluir em segurança.

20.54 O que acontece se misturarmos os fios positivo e negativo quando ligamos um dispositivo?

Resposta: Se misturarmos os fios positivo e negativo, o dispositivo pode não funcionar corretamente ou pode ficar danificado.

20.55 Todos os pontos de tomada têm fios positivos, negativos e neutros?

Resposta: Sim, todos os pontos de tomada têm fios positivos, negativos e neutros para transportar com segurança a eletricidade de e para os aparelhos.

20.56 Como podemos saber qual é o fio positivo, negativo e neutro num ponto de tomada?

Resposta: O fio positivo é normalmente de cor preta, vermelha ou outra cor viva. O fio negativo é frequentemente de cor azul, enquanto o fio neutro é normalmente de cor branca ou cinzenta.

Capítulo 21 : Conceito alto-baixo

Em eletrónica, quando estamos a trabalhar ou a fazer um circuito utilizando uma placa de solda como a PCB, precisamos de conhecer estes 2 termos Alto e Baixo.

No mundo dos números, "alto" e "baixo" podem ser como um jogo em que "alto" é como ter um número grande, como o 1, e "baixo" é como ter um número pequeno, como o 0. Imagina brincar com blocos: se empilharmos um bloco em cima de outro, é "alto" porque é alto. Mas se não tivermos nenhum bloco empilhado, é "baixo" porque não tem nada. Num jogo de números, ter um número "alto" como 1 significa que temos algo; enquanto ter um número "baixo" como 0 significa que ainda não temos nada. Compreender o "alto" e o "baixo" dos números ajuda-nos a contar, a jogar jogos e a ver quanto temos ou de quanto precisamos.

Desperte a sua curiosidade sobre o conceito High-Low

21.1 O que significa "HIGH" num circuito?

Resposta: "HIGH" significa que o sinal ou a tensão é forte ou está ligado.

21.2 O que significa "LOW" num circuito?

Resposta: "LOW" significa que o sinal ou a tensão é fraca ou está desligada.

21.3 As teclas "HIGH" e "LOW" podem ser utilizadas para ligar e desligar coisas?

Resposta: Sim, "HIGH" (alto) pode ligar as coisas e "LOW" (baixo) pode desligar as coisas.

21.4 O "HIGH" é como uma luz verde?

Resposta: Sim, "HIGH" é como uma luz verde que significa "ir" ou "ligar".

21.5 O "LOW" é como um sinal vermelho?

Resposta: Sim, "LOW" é como uma luz vermelha que significa "stop" ou "off".

21.6 Os sinais "HIGH" e "LOW" podem ser encontrados em controlos remotos?

Resposta: Sim, os controlos remotos utilizam sinais "HIGH" e "LOW" para enviar comandos.

21.7 Os computadores utilizam sinais "HIGH" e "LOW"?

Resposta: Sim, os computadores utilizam sinais "HIGH" e "LOW" para processar a informação.

21.8 Os sinais "HIGH" e "LOW" podem fazer mover os brinquedos?

Resposta: Sim, os sinais "HIGH" e "LOW" podem controlar motores em brinquedos.

21.9 Os sinais "HIGH" e "LOW" são importantes nos circuitos?

Resposta: Sim, são muito importantes para controlar o funcionamento dos circuitos.

21.10 Os sinais "HIGH" e "LOW" podem ligar e desligar as luzes?

Resposta: Sim, "HIGH" (alto) pode acender as luzes e "LOW" (baixo) pode apagá-las.

Capítulo 22 : Circuito 1: LED luminoso

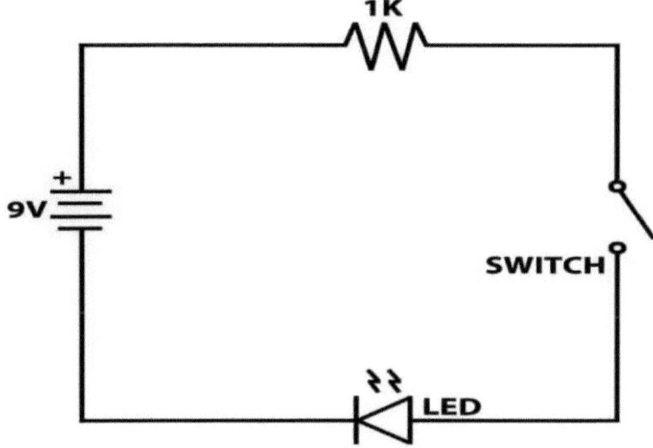

Figura 22.1 Diagrama do circuito

Figura 22.2 Circuito final para acender um LED

Passo 1: Ligar a bateria à placa de ensaio.

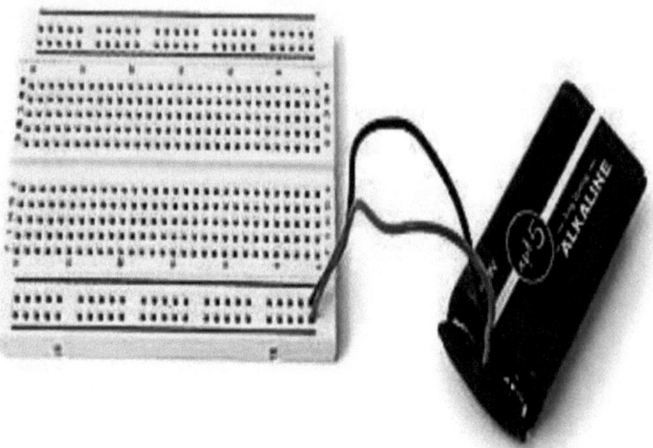

Passo 2: Ligar a resistência à placa de ensaio.

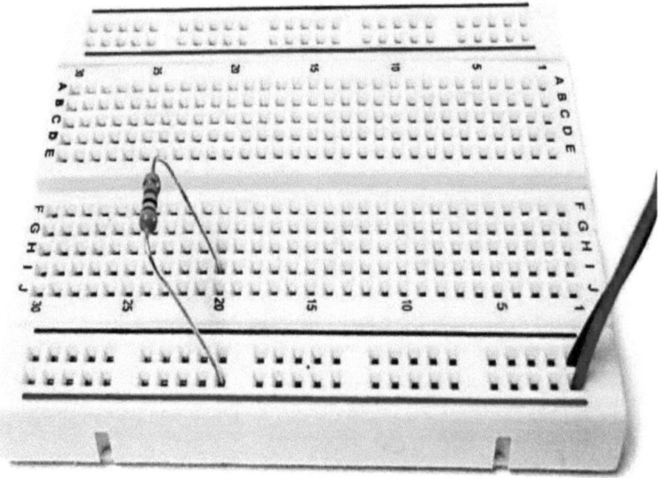

Passo 3: Ligar o LED à placa de ensaio.

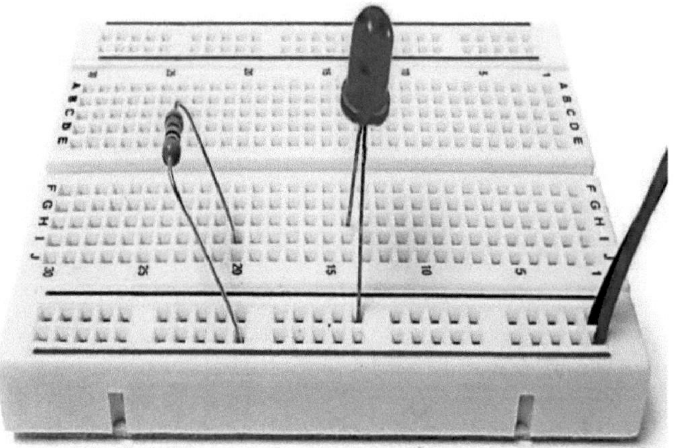

Passo 4: Ligar o interruptor à placa de ensaio.

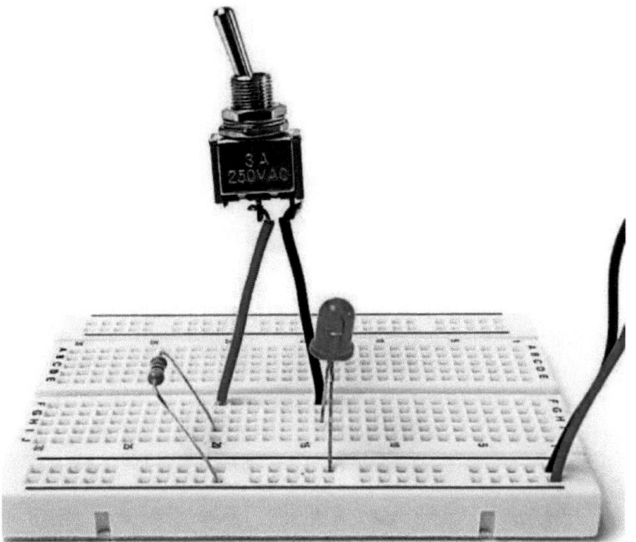

22.1 Lista de componentes

Sl. No.	Components	Picture
1.	1K ohm - 1/4 Watt resistor	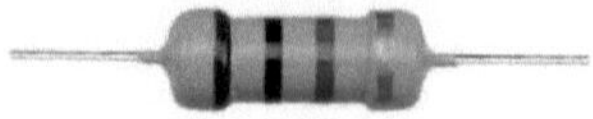
2.	5mm red LED	
3.	SPST (Single-Pole-Single-Throw) toggle switch	
4.	9V battery with connector	

Se olharmos para o circuito final, veremos a resistência de 1K, o LED e o interruptor todos ligados em linha com a bateria de 9V. Depois de construir o circuito, podemos ligar e desligar o LED com o interruptor.

Podemos descobrir o código de cores de uma resistência de 1K utilizando uma tabela de cores. Lembre-se que o LED tem de ser ligado da forma correta, ou seja, a perna mais comprida vai para o lado positivo do circuito e a mais curta para a terra.

Tivemos de ligar um fio sólido a cada perna do interruptor. Peça ajuda ao perito para soldar o fio com o interruptor. Se a soldadura for demasiado difícil, podemos deixar o interruptor de fora.

Se utilizarmos o interruptor, abrimos e fechamos o interruptor para ver o que acontece quando abrimos e desligamos o circuito.

Capítulo 23 : Circuito 2: Piscar um LED a diferentes velocidades

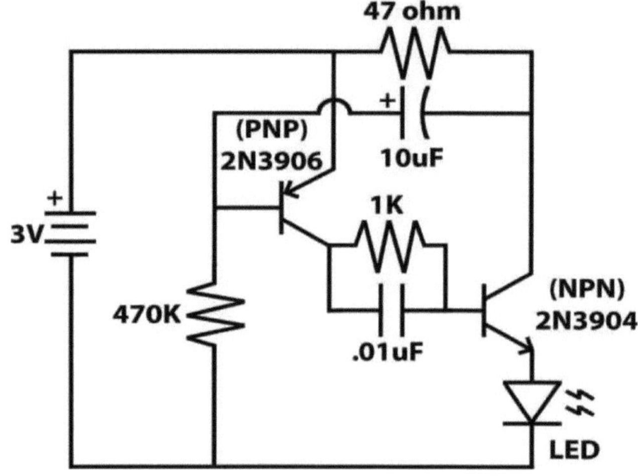

Figura 23.1 Diagrama do circuito

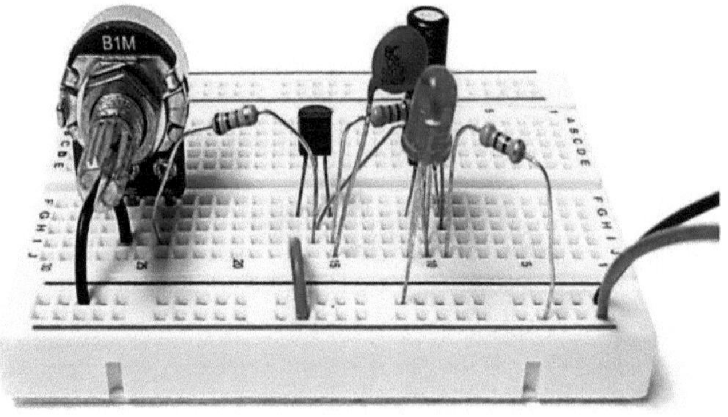

23.2 Circuito final para piscar um LED a diferentes velocidades

Passo 1: Ligar dois transístores

Passo 2: Ligar a resistência

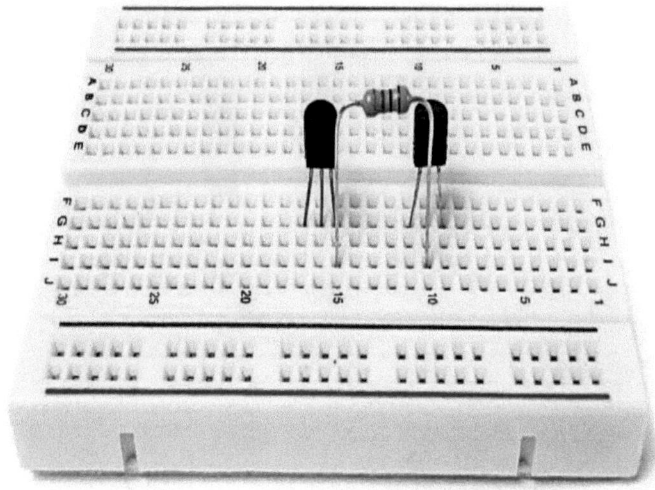

Passo 3: Ligar outra resistência

Etapa 5: Ligar o condensador

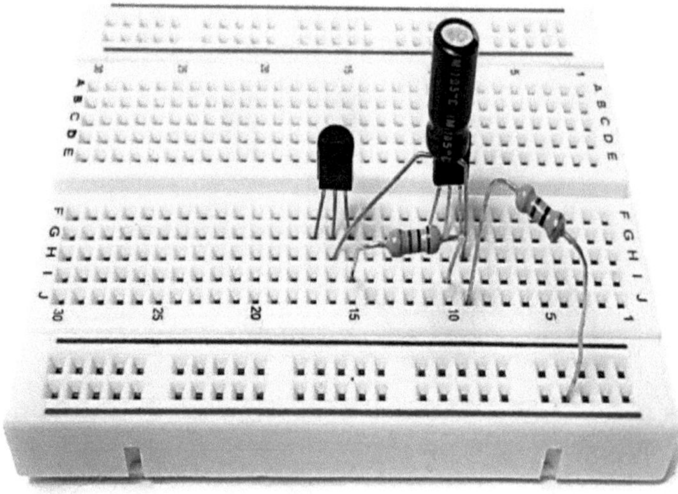

Passo 6: Ligar outra resistência, o condensador em forma de "rebuçado de gema" e o fio.

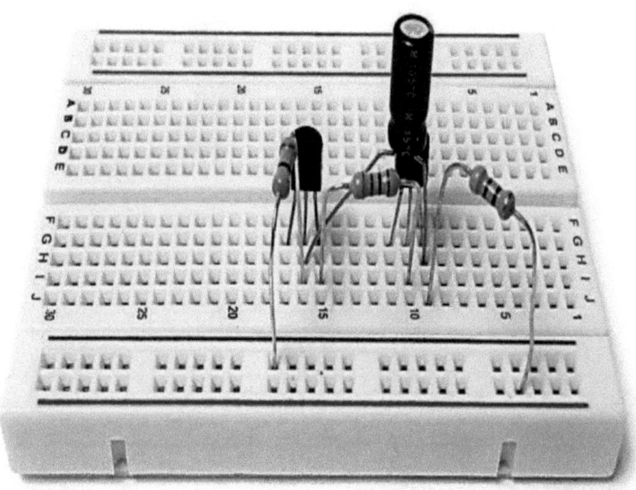

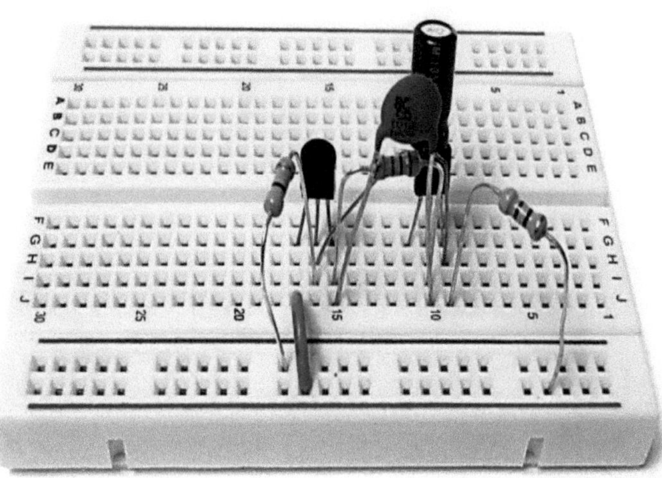

Etapa 7: Ligar o LED vermelho

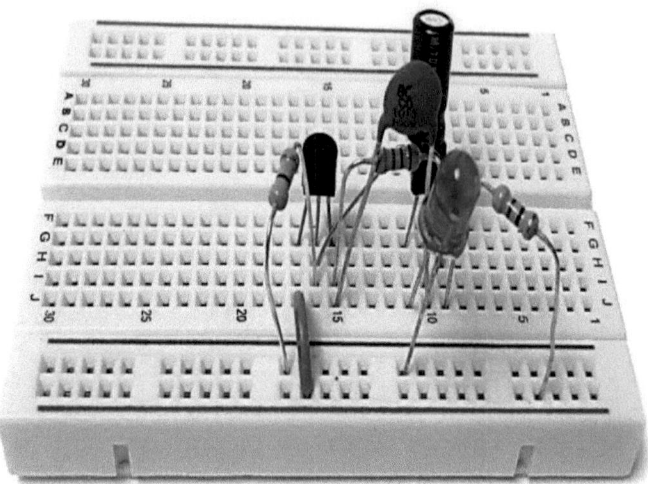

Etapa 8: Ligar o potenciómetro (extrema esquerda) e a bateria (canto inferior direito).

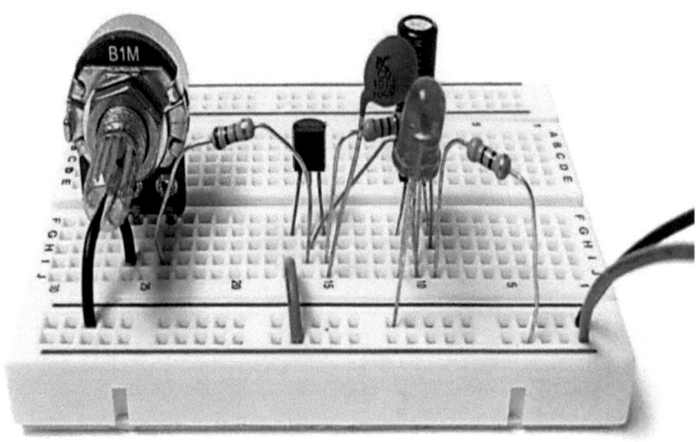

23.1 Lista de componentes

Sl. No.	Components	Picture
1.	2N3906 PNP transistor 2N3904 NPN transistor	
2.	47 ohm - 1/4 Watt resistor	
3.	1K ohm - 1/4 Watt resistor	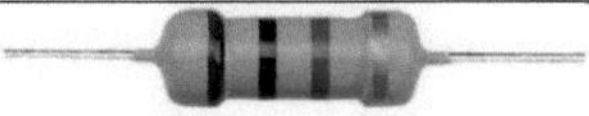
4.	470K ohm - 1/4 Watt resistor	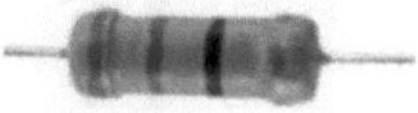
5.	10uF electrolytic capacitor	
6.	0.01uF ceramic disc capacitor (Gems candy shape)	
7.	5mm red LED	
8.	3V AA battery with holder	

9.	10K ohm - 1/4-Watt resistor	
10.	1M potentiometer	

O circuito final pode parecer complicado à primeira vista, mas na verdade é bastante simples!

Utiliza todos os componentes de que falámos nos capítulos anteriores para criar um circuito automático de LEDs a piscar (circuito 2). Para este circuito, podemos utilizar qualquer transístor NPN ou PNP de uso geral. Utilizámos transístores 2N3904 (NPN) e 2N3906 (PNP), uma vez que estamos a fazer isto em nossa casa. O transístor NPN será utilizado para controlar o fluxo de corrente através do circuito quando este estiver em polarização direta (quando a base tem uma tensão superior à do emissor). O transístor PNP permite a passagem de corrente quando está em polarização inversa (quando a base tem uma tensão inferior à do emissor). Podemos encontrar facilmente os diagramas de pinos pesquisando o número do componente. Por exemplo, a folha de dados do transístor 2N3904 mostra que o pino 1 é o emissor, o pino 2 é a base e o pino 3 é o coletor.

Para além dos transístores, vamos precisar de algumas resistências, condensadores e um LED, que são muito fáceis de ligar com a placa de ensaio.

Lembre-se de que os condensadores electrolíticos (em forma de cilindro) e os LEDs são polarizados (um termo técnico utilizado para descrever a perna positiva e a perna negativa) e têm de ser ligados na direção correta para funcionarem corretamente.

Depois de montar o circuito e ligar a alimentação, o LED deve começar a piscar. Se isso não acontecer, verifique cuidadosamente todas as ligações e a orientação (ou direção) de cada componente.

Uma dica útil para a depuração é contar os componentes no esquema e compará-los com os componentes na nossa placa de ensaio. Se os números não coincidirem, pode ter-nos escapado alguma coisa. Também podemos verificar as ligações em cada ponto do circuito para garantir que tudo está corretamente ligado.

Quando o nosso circuito estiver a funcionar, podemos fazer experiências com a taxa de intermitência, alterando o valor da resistência de 470K. Aumentar o valor do resistor fará o LED piscar mais devagar, enquanto diminuí-lo fará o LED piscar mais rápido. Isto acontece porque a resistência controla a taxa a que o condensador de 10uF carrega e descarrega, afectando diretamente a taxa de intermitência.

Para tornar a taxa de intermitência ajustável, substitua a resistência de 470K por um potenciómetro de 1M em série com uma resistência de 10K. Ligue um lado da resistência a um pino exterior do potenciómetro e o outro lado à base do transístor

PNP. O pino central do potenciómetro deve ser ligado à terra. Agora, rodando o botão do potenciómetro, a resistência será alterada e a taxa de intermitência será ajustada em conformidade.

Capítulo 24: Circuito 3: Gerador automático de tons

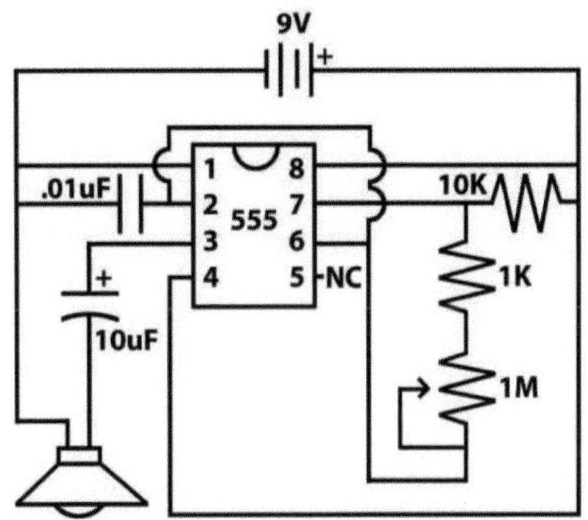

24.1 Esquema de circuitos

24.2 Circuito final

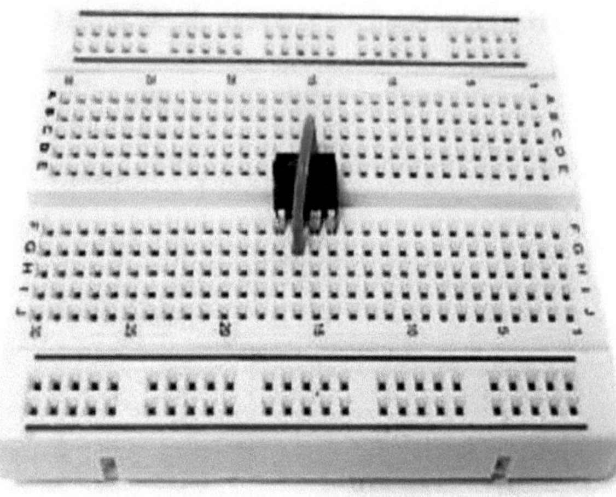
A B C D E
F G H I J
30 25 20 15 10 5 1

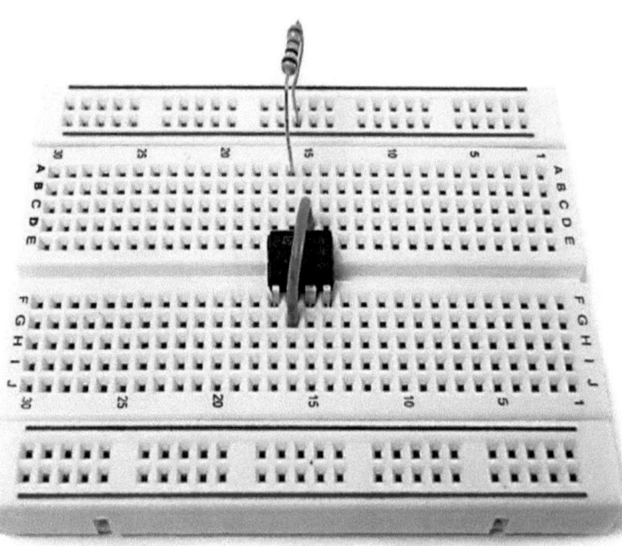
30 25 20 15 10 5 1
A B C D E
F G H I J
30 25 20 15 10 5 1

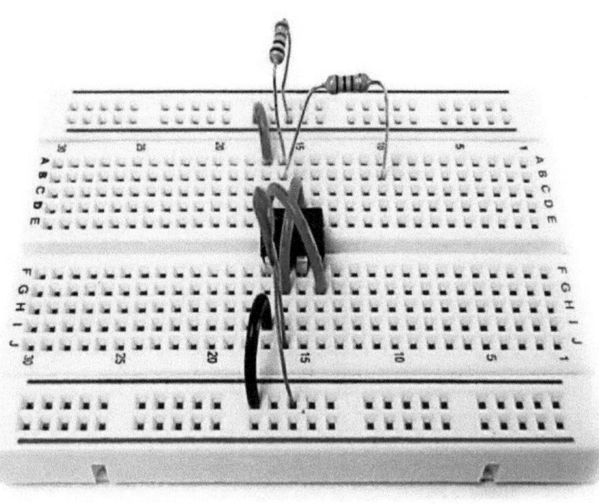

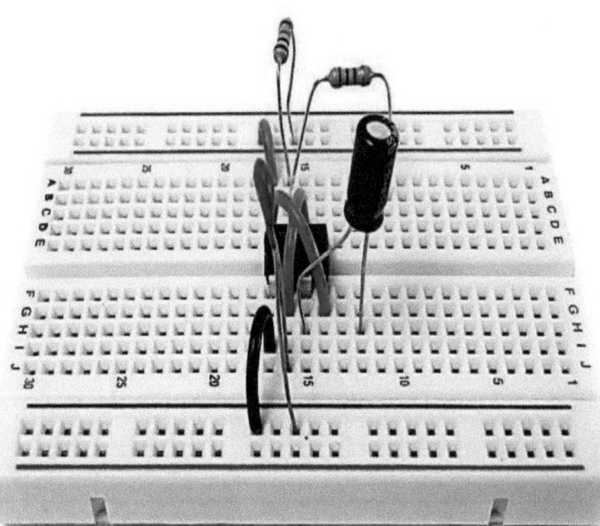

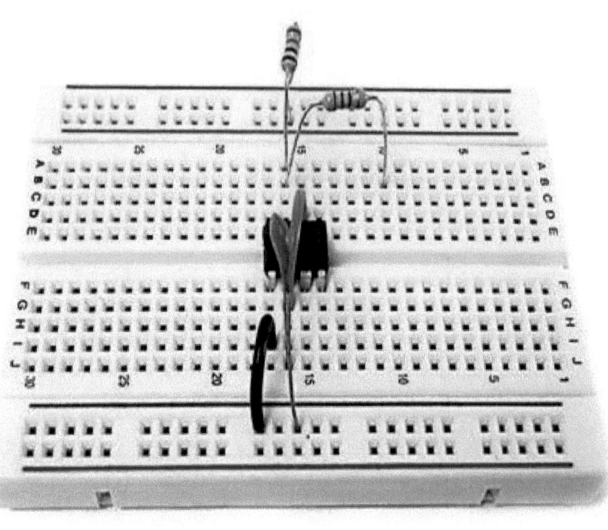

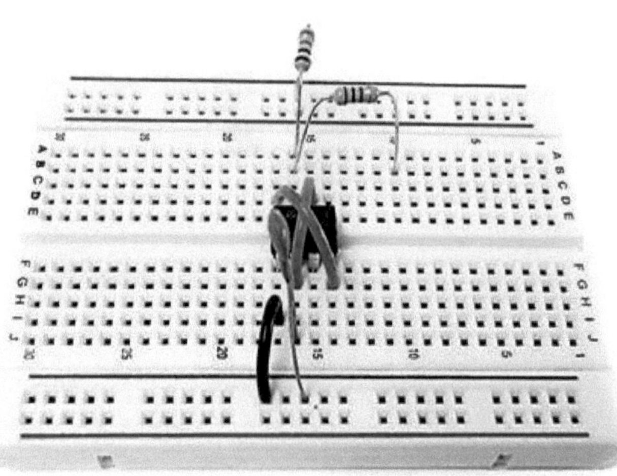

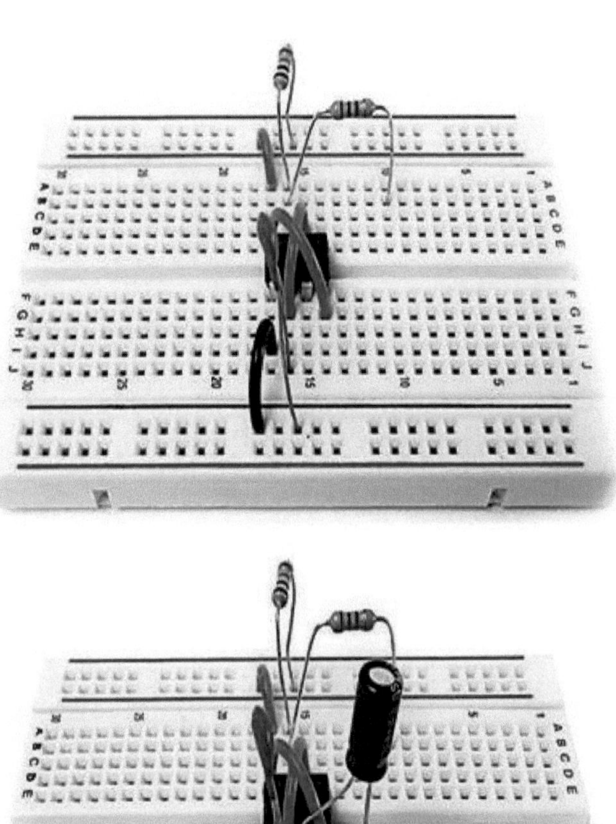

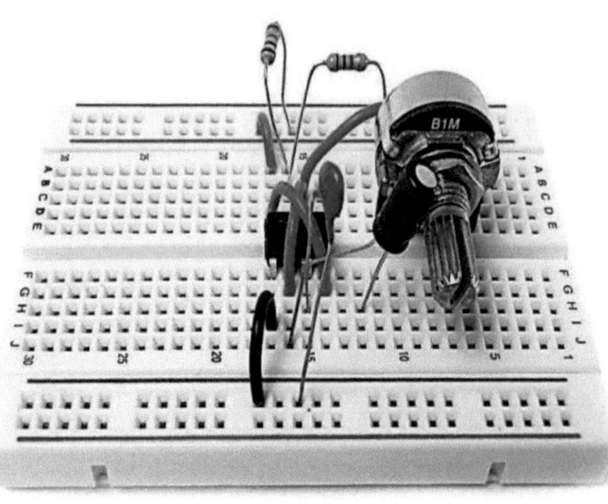
B1M
A B C D E
F G H I J

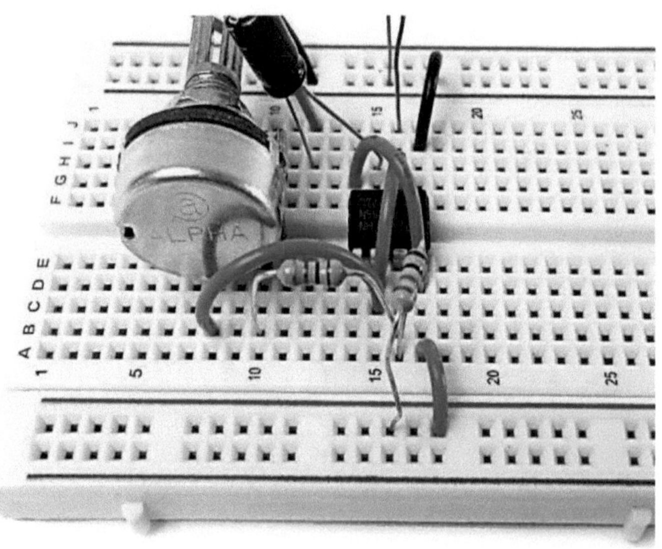
ALPHA
F G H I J
A B C D E
1 5 10 15 20 25

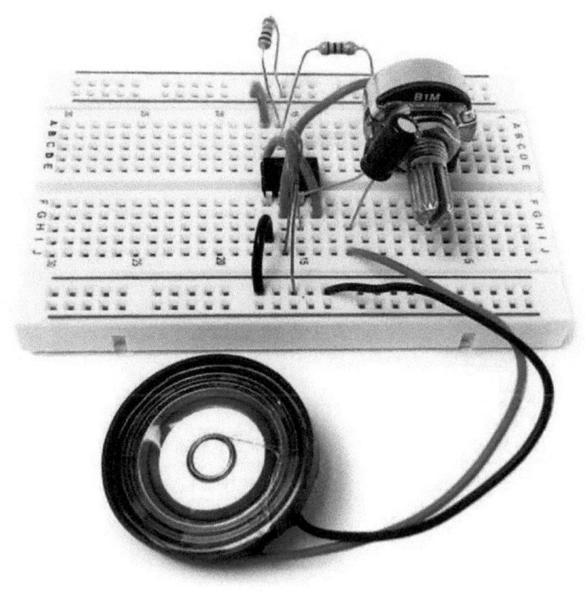
B1M

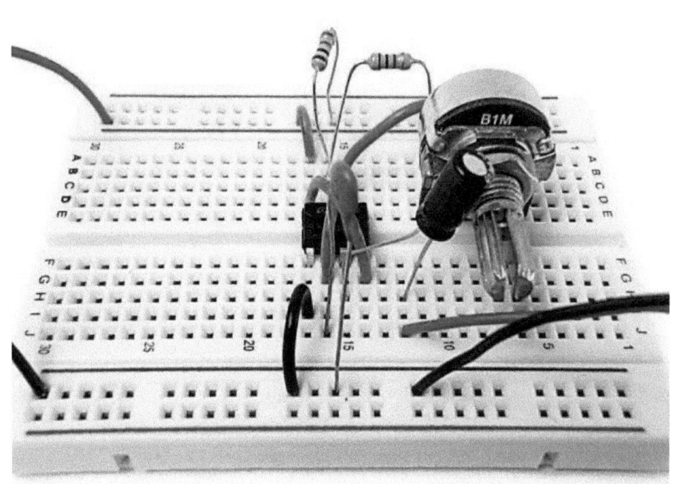
B1M

24.1 Lista de componentes

Sl. No.	Components	Picture
1.	555 Timer IC	
2.	1K ohm - 1/4-Watt resistor	

3.	10K ohm - 1/4-Watt resistor	
4.	1M ohm - 1/4-Watt resistor	
5.	10uF electrolytic capacitor	
6.	0.01uF ceramic disc capacitor (Gem candy shape)	
7.	Small Speaker	
7.	9V battery with connector	

24.2 Configurar o circuito

1. **Colocar o chip do temporizador 555**: Insira o chip do temporizador 555 na placa de ensaio de forma a ficar no centro, assegurando que nenhum pino é ligado acidentalmente (ver figura 10.2 para o diagrama de pinos do IC 555).
2. **Ligar os componentes**: Siga o diagrama do circuito para ligar as resistências, condensadores e fios de ligação ao chip do temporizador 555. Certifique-se de que toma nota do símbolo "NC" (No Connect) no esquema, o que significa que não é necessária qualquer ligação para esses pinos.
3. **Ligar o altifalante**: Utilize um pequeno altifalante e ligue o lado negativo à terra. Certifique-se de que o lado positivo está ligado ao pino 3 do chip do temporizador 555.
4. **Adicionar um controlo de volume (opcional)**: Para adicionar um controlo de volume, ligue um pino exterior do potenciómetro de 100K ao pino 3 do chip do temporizador 555, o pino do meio ao altifalante e o restante pino exterior à terra.

24.3 Como funciona

- A configuração do chip temporizador 555 faz com que o pino 3 oscile rapidamente entre alto e baixo, criando uma onda quadrada.
- Esta onda quadrada pulsa o altifalante rapidamente, deslocando o ar a uma frequência que percebemos como um tom constante.
- A frequência do tom depende dos valores das resistências e condensadores utilizados no circuito.

24.4 Notas adicionais

- **Tamanho da coluna**: Utilize o altifalante mais pequeno que conseguir encontrar, uma vez que este circuito não consegue controlar eficazmente altifalantes grandes.
- **Polaridade do altifalante**: Certifique-se de que o lado negativo do altifalante está ligado à terra se estiver polarizado.

Capítulo 25 : Let's Do iT

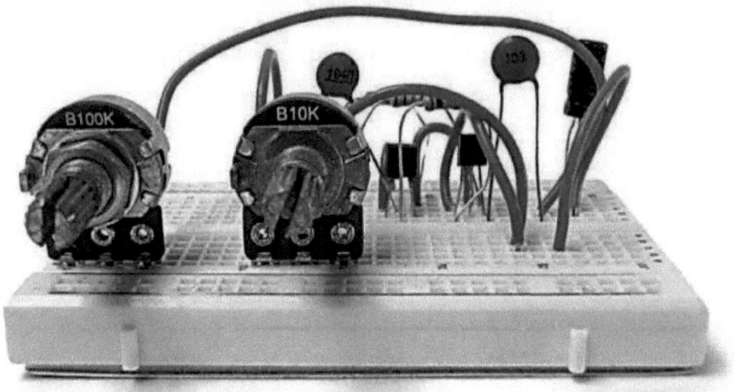

Vamos fazer o circuito por nós próprios e dar-lhe um nome adequado!

Ok... Não estamos exatamente sozinhos. Os especialistas estão connosco!

Perguntas gerais sobre Eletricidade, eletrónica e robótica básicas

1. **O que é a eletricidade?**

   Responder: A eletricidade é um tipo de energia que faz com que as coisas funcionem, como as luzes e os brinquedos. É como um poder especial que flui através dos fios.

2. **Porque precisamos de eletricidade?**

   Resposta: Precisamos de eletricidade para alimentar muitas coisas que usamos todos os dias, como luzes, frigoríficos e televisores. Ajuda-nos a realizar muitas tarefas facilmente.

3. **De onde vem a eletricidade?**

   Resposta: A eletricidade provém de centrais eléctricas, que são locais que produzem eletricidade.

   Viaja através de fios até às nossas casas.

4. **Podemos tocar na eletricidade?**

   Resposta: Não, nunca devemos tocar na eletricidade porque pode ser muito perigosa.

   Tenha sempre cuidado e peça ajuda a um adulto para lidar com coisas eléctricas.

5. **A eletricidade pode acabar?**

   Resposta: Numa pilha, a eletricidade pode esgotar-se quando toda a energia armazenada é utilizada. É por isso que é necessário substituir ou recarregar as pilhas.

6. **Porque é que as luzes se apagam durante uma tempestade?**

Resposta: As luzes podem apagar-se durante uma tempestade porque os ventos fortes ou os relâmpagos podem danificar as linhas eléctricas que transportam a eletricidade para as nossas casas.

7. **A eletricidade é perigosa?**

Resposta: Sim, a eletricidade pode ser perigosa se não tivermos cuidado. É por isso que não devemos tocar nos fios ou nas fichas com as mãos molhadas e devemos pedir sempre ajuda a um adulto para lidar com a eletricidade.

8. **Porque é que precisamos de eletricidade/luzes em nossa casa?**

Resposta: Precisamos de eletricidade/luzes para ver no escuro, tal como precisamos do sol durante o dia.

9. **Quantos tipos de sinais eléctricos existem?**

Resposta: Existem dois tipos de sinais eléctricos, a corrente alternada (AC) e a corrente contínua (DC).

10. **O que é AC (corrente alternada) e DC (corrente contínua)?**

Corrente alternada: O sentido dos fluxos de eletricidade ao longo do circuito está constantemente a inverter-se. Podemos mesmo dizer que a direção é alternada. A taxa de inversão é medida em Hertz (Hz), que é o número de inversões por segundo. Exemplo: A nossa corrente doméstica.

Corrente contínua: A eletricidade flui num único sentido entre a energia e a terra. Nesta disposição, existe sempre uma fonte de tensão positiva e uma fonte de tensão de terra (0V). Podemos testar isto através da leitura de uma bateria

11. **O que é uma pilha?**

Responde: Uma pilha é uma pequena caixa que armazena eletricidade. Ajuda a alimentar coisas como lanternas e controlos remotos.

12. **O que está dentro de uma pilha?**

Resposta: Dentro de uma pilha, existem químicos especiais que produzem eletricidade quando se misturam.

13. **Porque é que as pilhas têm duas extremidades?**

Resposta: As pilhas têm duas extremidades chamadas terminais. Uma extremidade é o terminal positivo e a outra é o terminal negativo. A eletricidade flui de uma extremidade para a outra para fazer as coisas funcionarem.

14. **Porque é que temos pilhas de tamanhos diferentes?**

Resposta: São utilizados diferentes tamanhos de pilhas para diferentes dispositivos. As pilhas pequenas cabem em

pequenas coisas, como controlos remotos, e as pilhas maiores alimentam dispositivos maiores.

15. **Porque é que precisamos de substituir as pilhas?**

Resposta: Temos de substituir as pilhas quando estas ficam sem energia armazenada e deixam de poder alimentar os nossos aparelhos.

16. **O que acontece se colocarmos uma bateria ao contrário?**

Resposta: Se colocarmos uma pilha ao contrário, o dispositivo pode não funcionar porque a eletricidade não pode fluir corretamente do terminal negativo para o positivo.

17. **Porque é que usamos pilhas nos brinquedos?**

Resposta: As pilhas dão aos brinquedos a energia necessária para se moverem e fazerem sons.

18. **Como é que sabemos se uma pilha está descarregada?**

Resposta: Sabemos que uma pilha está descarregada quando já não fornece eletricidade suficiente para fazer funcionar um brinquedo ou dispositivo.

19. **Porque é que uma lâmpada se acende?**

Resposta: Quando a eletricidade passa por uma lâmpada, faz com que o interior da lâmpada brilhe e produza luz.

20. **O que acontece se uma lâmpada não estiver ligada a uma bateria?**

Resposta: Se uma lâmpada não estiver ligada a uma pilha, não se acende, porque precisa da eletricidade da pilha para brilhar.

21. **De que é feita uma lâmpada eléctrica?**

Resposta: Uma lâmpada eléctrica tem um invólucro de vidro, uma base metálica e um pequeno fio no seu interior, chamado filamento (nas lâmpadas tradicionais) ou um pequeno chip emissor de luz (nos LED).

22. **O que é um LED (Díodo Emissor de Luz)?**

Resposta: Um LED é um tipo especial de lâmpada que consome menos eletricidade e dura mais tempo do que as lâmpadas normais.

23. **O que é um interrutor?**

Resposta: Um interrutor é como um pequeno portão que se pode abrir e fechar. Quando o rodamos, podemos ligar e desligar coisas, como luzes ou brinquedos.

24. **Como é que as luzes se acendem quando ligamos um interrutor?**

Resposta: Ao ligar o interrutor, fecha-se o circuito, permitindo que a eletricidade flua para a lâmpada e a faça acender.

25. O que é que faz com que o televisor se ligue?

Resposta: O televisor liga-se quando carregamos num botão que permite que a eletricidade flua para ele, fazendo-o funcionar.

26. Porque é que desligamos a televisão quando não estamos a vê-la?

Resposta: Desligamos a televisão quando não estamos a vê-la para poupar eletricidade e garantir que dura mais tempo.

27. O que acontece se premirmos demasiados botões do comando da televisão ao mesmo tempo?

Resposta: Se premirmos demasiados botões, o televisor pode ficar confuso e não fazer o que pretendemos.

28. Porque é que precisamos de utilizar uma ficha para ligar o nosso computador à parede?

Responder: Utilizamos uma ficha para ligar o nosso computador à parede para lhe fornecer eletricidade, de modo a podermos utilizá-lo para fazer os nossos trabalhos de casa ou jogar.

29. O que é que acontece quando desligamos o interrutor da luz?

Resposta: Quando desligamos o interrutor da luz, a eletricidade deixa de fluir para a lâmpada e esta fica às escuras.

30. Porque é que alguns brinquedos precisam de ser ligados à corrente e outros usam pilhas?

Resposta: Alguns brinquedos precisam de ser ligados à corrente porque utilizam muita eletricidade, enquanto outros utilizam pilhas porque são mais pequenos e mais fáceis de transportar.

31. **O que é um fio?**

Responder: Um fio é como uma estrada que transporta eletricidade de um lugar para outro, ligando diferentes partes de um circuito.

32. **Porque é que temos fios de cores diferentes?**

Resposta: Os fios têm cores diferentes para os podermos distinguir e saber quais os que devemos ligar uns aos outros.

33. **Porque é que alguns fios estão cobertos de plástico?**

Resposta: Os fios são cobertos com plástico para nos manter seguros. O plástico é um isolante, o que significa que impede a fuga de eletricidade e evita que levemos choques.

34. **O que acontece se tocarmos num fio que não esteja coberto com o plástico?**

Resposta: Se tocarmos num fio sem cobertura de plástico, com eletricidade, podemos apanhar um pequeno choque, por isso é importante ter cuidado e não lhes tocar.

35. **Como é que os fios transportam a eletricidade?**

Resposta: Os fios são feitos de metal, que é um bom condutor. A eletricidade flui facilmente através dos fios metálicos para viajar de um lugar para outro.

36. **Porque é que temos fichas e tomadas?**

Resposta: As fichas e as tomadas ligam as coisas à eletricidade nas nossas casas. Quando ligamos uma coisa à corrente, ela recebe energia para funcionar.

37. **O que acontece se ligarmos demasiadas coisas a uma tomada?**

Resposta: Se ligarmos demasiadas coisas a uma tomada, esta pode ficar demasiado quente ou mesmo provocar um incêndio, pelo que devemos ligar apenas algumas coisas de cada vez.

38. **O que é um circuito simples?**

Responder: Um circuito simples é um caminho através do qual a eletricidade flui, normalmente constituído por uma bateria, fios e uma lâmpada ou outro dispositivo.

39. **O que é um circuito?**

Responde: Um circuito é um caminho que a eletricidade segue. Quando todas as partes estão ligadas, a eletricidade pode fluir e fazer com que as coisas funcionem.

40. **O que é AC?**

Resposta: AC, ou corrente alternada, é um tipo de eletricidade que muda de direção para trás e para a frente, como as ondas do oceano.

41. **O que é DC?**

Resposta: AC, ou corrente alternada, é um tipo de eletricidade que flui constantemente numa determinada direção.

42. **Porque é que algumas coisas precisam de pilhas e outras de fichas?**

Resposta: Algumas coisas usam pilhas porque são pequenas e precisam de ser transportadas, como os brinquedos. As coisas maiores, como os televisores e os frigoríficos, precisam de mais energia e utilizam fichas para obter eletricidade da parede.

43. Como é que um motor funciona?

Resposta: Um motor utiliza eletricidade para fazer com que as coisas se movam ou girem. Converte a energia eléctrica em energia mecânica (movimento), como fazer girar as rodas de um carro de brincar.

44. O que é um isolante?

Responder: Um isolante é um material que não deixa a eletricidade passar facilmente através dele.

Exemplos são a borracha, o plástico e a madeira.

45. O que é que uma resistência faz num circuito?

Resposta: Uma resistência abranda o fluxo de eletricidade, protegendo outras partes do circuito de demasiada eletricidade.

46. O que é que um condensador faz?

Resposta: Um condensador armazena energia eléctrica e pode libertá-la rapidamente quando necessário, por exemplo, para dar um pequeno impulso ao arranque de um motor.

47. Como funciona um ventilador?

Resposta: Uma ventoinha tem um motor no interior que faz girar as pás quando a eletricidade passa por ela, criando uma brisa para nos manter frescos.

48. Porque é que temos interruptores diferentes para as luzes e para as ventoinhas?

Resposta: Temos interruptores diferentes para controlar coisas diferentes.

Um interrutor acende as luzes e outro liga a ventoinha.

49. Como funcionam os automóveis eléctricos?

Resposta: Os carros eléctricos utilizam grandes baterias para alimentar um motor que faz o carro andar, em vez de utilizarem gasolina como os carros normais.

50. Porque é que precisamos de carregar o nosso tablet?

Responder: Temos de carregar o nosso tablet para lhe dar mais eletricidade, para podermos continuar a jogar e a ver vídeos.

51. Porque é que temos de ligar o telemóvel à corrente para o carregar?

Resposta: Temos de ligar o nosso telemóvel à corrente para o carregar porque ele precisa de eletricidade para funcionar, tal como nós precisamos de comida para ter energia.

52. Como é que o micro-ondas cozinha os alimentos?

Resposta: Um micro-ondas cozinha alimentos utilizando eletricidade para produzir pequenas ondas que aquecem os alimentos no seu interior.

53. Como é que o despertador sabe quando deve tocar?

Resposta: O despertador tem uma peça especial no seu interior que lhe diz quando deve tocar à hora que definimos.

54. Porque é que a lanterna fica mais brilhante quando colocamos uma pilha nova?

Resposta: A lanterna fica mais brilhante porque a nova pilha tem mais eletricidade, o que faz com que a lâmpada brilhe mais.

55. Como é que a campainha de uma bicicleta toca?

Resposta: A campainha de uma bicicleta toca quando carregamos numa alavanca que faz com que um pequeno martelo bata na campainha e faça um som.

56. **Como é que uma campainha faz som?**

Resposta: Quando carregamos no botão da campainha da porta, este deixa a eletricidade fluir para uma parte que produz o som.

57. **O que acontece quando premimos o botão da campainha?**

Responde: Quando carregamos no botão da campainha, completa-se um circuito que envia eletricidade para uma peça que produz um som.

58. **Como é que o semáforo sabe quando deve mudar de cor?**

Responde: O semáforo tem um temporizador especial no seu interior que lhe indica quando deve mudar de cor e deixar passar os carros.

59. **Porque é que temos de desligar o computador quando acabamos de o utilizar?**

Responder: Temos de desligar o computador quando acabamos de o utilizar para poupar eletricidade e garantir que dura mais tempo.

60. **O que acontece se deixarmos a porta do frigorífico aberta durante muito tempo?**

Resposta: Se deixarmos a porta do frigorífico aberta, o ar frio sai e os alimentos podem estragar-se.

61. **Porque é que o frigorífico faz barulho às vezes?**

Resposta: O frigorífico faz barulho quando o seu motor está a trabalhar para manter os alimentos frios.

62. O que é que faz a rádio tocar música?

Resposta: O rádio toca música quando o ligamos e o sintonizamos numa estação que envia música pelo ar.

63. Como é que um aspirador recolhe a sujidade?

Resposta: Um aspirador utiliza eletricidade para criar sucção que puxa a sujidade e o pó para dentro dele.

64. Como é que a luz sabe quando se deve acender no frigorífico?

Resposta: A luz acende-se quando abrimos a porta do frigorífico porque há um pequeno interrutor que é premido quando a abrimos.

Alguns componentes básicos para fazer um circuito eletrónico

1. **Resistência**: Um componente que resiste ao fluxo de corrente eléctrica. É utilizado para controlar a quantidade de corrente num circuito e para criar quedas de tensão específicas.
2. **Condensador**: Armazena energia eléctrica num campo elétrico. Os condensadores são normalmente utilizados em filtros, circuitos de temporização e aplicações de armazenamento de energia.
3. **Indutor**: Uma bobina de fio que cria um campo magnético quando a corrente passa por ela. Os indutores são utilizados em circuitos para filtragem, armazenamento de energia e regulação de tensão.
4. **Díodo**: Permite que a corrente flua apenas numa direção e bloqueia-a na direção oposta. Os díodos são fundamentais nos circuitos rectificadores, na regulação da tensão e no processamento de sinais.
5. **Transístor**: Um dispositivo semicondutor utilizado para amplificar ou comutar sinais electrónicos e energia eléctrica. Os transístores são blocos de construção cruciais em circuitos electrónicos, tais como amplificadores, osciladores e circuitos lógicos digitais.
6. **Circuito integrado (CI)**: Um circuito eletrónico miniaturizado constituído por dispositivos semicondutores e componentes passivos fabricados numa única pastilha de material semicondutor. Os circuitos integrados podem efetuar várias funções, tais como amplificação, processamento de sinais e operações lógicas digitais.

7. **Rede de resistências**: Múltiplas resistências combinadas num único invólucro, frequentemente utilizadas em aplicações que requerem valores de resistência precisos e designs que poupam espaço.
8. **Potenciómetro**: Uma resistência variável com um botão ou cursor que permite o ajuste manual da sua resistência. Os potenciómetros são normalmente utilizados para controlo de volume, ajuste de brilho e circuitos de afinação.
9. **Interruptor**: Um dispositivo que interrompe ou desvia o fluxo de corrente eléctrica. Os interruptores são utilizados para controlar o fluxo de eletricidade num circuito, ligando ou desligando dispositivos.
10. **Relé**: Um interrutor operado eletricamente que utiliza um eletroíman para controlar mecanicamente a comutação de circuitos. Os relés são utilizados para controlar circuitos de alta tensão ou de alta corrente com sinais de baixa tensão, como em sistemas de automação e de controlo remoto.
11. **Fusível**: Um dispositivo de proteção que interrompe o fluxo de corrente num circuito quando este excede um determinado limite. Os fusíveis são concebidos para evitar danos nos componentes eléctricos e para proteger contra riscos eléctricos, como curtos-circuitos e sobrecargas.
12. **LED (Díodo emissor de luz)**: Um dispositivo semicondutor que emite luz quando é percorrido por corrente eléctrica. Os LEDs são amplamente utilizados para indicadores, ecrãs, iluminação e como fontes de luz em várias aplicações.

Tipos de placas utilizadas para fazer circuitos electrónicos simples

1. **Breadboard**: Pense nela como uma ferramenta para construir projectos electrónicos sem precisar de soldar. É como uma pequena grelha com orifícios onde podemos colar fios e peças electrónicas. Estes orifícios estão ligados no interior, pelo que podemos testar facilmente os circuitos ligando os componentes sem tornar nada permanente. É perfeito para experimentar ideias e aprender sobre eletrónica!
2. **Placa de circuito impresso (PCB)**: Um componente fundamental que suporta mecanicamente e liga eletricamente componentes electrónicos utilizando pistas condutoras, almofadas e outras caraterísticas gravadas a partir de folhas de cobre laminadas sobre um substrato não condutor.
3. **PCB de uma face**: Um tipo de PCB em que as pistas condutoras se encontram apenas num dos lados da placa. Os componentes são soldados no mesmo lado que as pistas condutoras.
4. **PCB de dupla face**: Uma PCB com pistas condutoras em ambos os lados da placa. Os componentes podem ser soldados em ambos os lados e são utilizadas vias (orifícios de passagem) para ligar as pistas em camadas diferentes.
5. **PCB multicamada**: Uma PCB com várias camadas de pistas condutoras separadas por camadas isolantes. Isto permite circuitos complexos com maior densidade de componentes.
6. **PCB flexível (Flex PCB)**: Uma placa de circuito impresso flexível feita de materiais poliméricos flexíveis, permitindo-lhe dobrar ou torcer. As PCB

flexíveis são utilizadas em aplicações em que o espaço é limitado ou em que a placa tem de se adaptar a uma forma específica.

7. **PCB rígida-flexível**: Combina as caraterísticas das PCB rígidas e flexíveis, com áreas rígidas e flexíveis na mesma placa. As PCB rígidas-flexíveis são utilizadas em aplicações em que é necessária uma combinação de flexibilidade e rigidez.
8. **PCB de alta frequência**: Concebidos para funcionar a altas frequências, normalmente utilizados em aplicações como sistemas de comunicação RF (radiofrequência), circuitos de micro-ondas e sistemas digitais de alta velocidade.
9. **PCB de Interligação de Alta Densidade (HDI)**: Utiliza técnicas de fabrico avançadas para obter uma maior densidade de componentes e um encaminhamento de traços mais fino, frequentemente utilizado em dispositivos electrónicos compactos como smartphones e tablets.
10. **Placa-mãe**: A placa de circuito impresso principal de um computador ou dispositivo eletrónico, que aloja a CPU, a memória e outros componentes essenciais. Fornece as ligações eléctricas entre os vários componentes do sistema.
11. **Placa de microcontrolador**: Uma placa que contém uma unidade de microcontrolador (MCU) juntamente com circuitos de suporte, frequentemente utilizada como unidade de processamento central em sistemas incorporados e projectos de eletrónica DIY. Exemplos incluem as placas Arduino e Raspberry Pi.

12. **Placa de desenvolvimento**: Uma placa concebida para fins de prototipagem e desenvolvimento, normalmente com um microcontrolador ou microprocessador, juntamente com várias interfaces de entrada/saída e cabeçalhos de expansão.
13. **Quadro de distribuição de energia**: Utilizado em sistemas electrónicos para distribuir energia de uma fonte primária a múltiplos componentes ou subsistemas, frequentemente equipado com fusíveis, conectores e circuitos de regulação de tensão.
14. **Placa de sensores**: Contém um ou mais sensores para medir parâmetros físicos ou ambientais, como a temperatura, a humidade, o movimento ou a intensidade da luz.
15. **Placa de controlo do motor**: Contém circuitos para controlar a velocidade e a direção de motores eléctricos, normalmente utilizados em robótica, automação e veículos motorizados.

Ideias de circuitos excitantes

1. **Circuito simples com lâmpada**: Construir um circuito básico com uma pilha, fios e uma pequena lâmpada para compreender como a eletricidade flui e ilumina uma lâmpada.
2. **Interruptor de clipe de papel**: Criar um interrutor utilizando um clip de papel e fios para ligar e desligar uma lâmpada, aprendendo sobre o controlo de circuitos.
3. **Lanterna**: Construir uma lanterna simples utilizando uma pilha, uma lâmpada e um tubo de cartão, explorando a forma como a luz é produzida a partir da eletricidade.
4. **Circuito da campainha**: Construir um circuito com uma pilha e uma campainha para criar sons de zumbido, compreendendo como os circuitos podem produzir sons diferentes.
5. **Lançador de LEDs**: Montar um LED, uma pilha de moedas e um íman para criar uma pequena luz que se cola a superfícies metálicas, explorando o magnetismo e a eletricidade.
6. **Circuitos em série e em paralelo**: Comparar circuitos em série e em paralelo utilizando lâmpadas e pilhas para ver como afectam a luminosidade e o comportamento do circuito.
7. **Semáforo**: Construir um modelo de semáforo com LEDs e resistências para simular sinais vermelhos, amarelos e verdes, aprendendo sobre sinais de trânsito e circuitos.
8. **Gerador de manivela manual**: Construir um gerador de manivela simples

utilizando um motor e engrenagens para gerar eletricidade através da rotação de uma pega.

9. **Quadro de perguntas elétrico**: Crie um quadro de quiz com LEDs e botões que se acendem quando a resposta correta é premida, combinando a eletrónica com quizzes de aprendizagem.
10. **Circuito de Massa Eléctrica**: Utilizar massa condutora (massa de brincar com adição de sal) e LEDs para criar esculturas que se iluminam quando os circuitos são completados.
11. **Carro movido a energia solar**: Construir um pequeno carro com um motor, rodas e um painel solar para explorar a energia solar e o movimento.
12. **Testador de condutividade da água**: Construir um circuito com LEDs e fios para testar a condutividade de diferentes amostras de água, explorando a condutividade e os circuitos.
13. **LED intermitente Arduino**: Aprenda a programação básica com o Arduino para controlar um LED que pisca a diferentes velocidades e padrões.
14. **Clapper ativado por som**: Construir um circuito com um microfone e um LED que se acende quando detecta um som, explorando as ondas sonoras e os circuitos.
15. **Circuito de alarme**: Construir um alarme simples utilizando uma campainha e um interrutor para soar quando o circuito está fechado, aprendendo sobre alarmes e circuitos.
16. **Kit de rádio FM**: Montar um kit básico de rádio FM para ouvir estações locais, compreendendo como os rádios recebem e processam sinais.

17. **Dados electrónicos**: Crie um dado eletrónico utilizando LEDs e um microcontrolador para apresentar números aleatoriamente, combinando a eletrónica com o jogo.

18. **Sensor de temperatura**: Construir um circuito com um sensor de temperatura e um indicador LED para medir e apresentar alterações de temperatura.

19. **Piano eletrónico**: Construir um mini piano eletrónico utilizando botões, resistências e um altifalante para tocar diferentes notas musicais, explorando a música e os circuitos.

20. **Ventoinha motorizada**: Construa uma pequena ventoinha utilizando um motor, pilhas e pás para compreender como os motores criam movimento e fluxo de ar.

21. **Lâmpada LED de mistura de cores**: Criar uma lâmpada com LEDs RGB que mudam de cor para explorar a mistura de cores e a forma como são criadas as diferentes cores.

22. **Testador de pilhas de moedas**: Construir um circuito com um LED para testar a tensão de diferentes pilhas de moedas, aprendendo sobre a energia das pilhas e a eletricidade.

23. **Bússola magnética**: Construir uma bússola simples utilizando uma agulha magnetizada e um recipiente com água para compreender o magnetismo e a direção.

24. **Jogo da Condutividade da Eletricidade**: Criar um jogo utilizando fios, LEDs e materiais condutores para completar circuitos e acender LEDs

tocando em peças condutoras.

25. **Cartão de felicitações com circuito de papel**: Criar um cartão de felicitações com LEDs e fita de cobre para fazer as luzes piscarem quando o cartão é aberto, aprendendo sobre circuitos e criatividade.

26. **Carro de brincar movido a energia solar**: Construir um carro de brincar utilizando um pequeno painel solar, um motor e rodas para explorar a energia solar e o movimento.

27. **Jogo do fio de zumbido**: Fazer um jogo de fios com um laço de arame e uma campainha para desafiar os jogadores a moverem o laço ao longo do fio sem lhe tocarem, aprendendo sobre condutividade e circuitos.

28. **Modelo de semáforo LED**: Construir um modelo de um semáforo utilizando LEDs e resistências para simular sinais de trânsito e aprender sobre segurança rodoviária.

29. **Jogo de dados eletrónico**: Crie um jogo de dados utilizando LEDs e um microcontrolador para apresentar números aleatoriamente quando um botão é premido, combinando eletrónica com jogos.

30. **Recetor de rádio FM simples**: Montar um kit básico de recetor de rádio FM para ouvir estações de rádio e compreender como os rádios recebem e processam sinais.

31. **Labirinto de circuitos eléctricos**: Conceba um labirinto com fios e LEDs em que os jogadores completam o circuito para acender os LEDs e navegar pelo labirinto.

32. **Jarra de luz solar**: Criar um frasco decorativo com LEDs alimentados por

um pequeno painel solar na tampa, explorando a energia solar e a iluminação.

33. **Luz nocturna LED activada por som**: Construa uma luz nocturna com LEDs que se acendem quando detecta som, utilizando um microfone e circuitos para aprender sobre som e eletrónica.

34. **Termómetro eletrónico**: Construir um termómetro utilizando um sensor de temperatura e LEDs para mostrar cores diferentes com base nas mudanças de temperatura.

35. **Robô dançarino**: Construir um robô simples utilizando um motor, uma bateria e pequenas peças para o fazer mover e dançar, explorando a robótica e a mecânica básicas.

36. **Cronómetro eletrónico**: Criar um cronómetro utilizando LEDs e um circuito de temporizador para medir e apresentar intervalos de tempo, aprendendo sobre temporização e circuitos.

37. **Indicador de nível de água**: Construir um circuito com LEDs para indicar o nível da água num recipiente utilizando sensores de condutividade, explorando a medição da água e a eletrónica.

38. **Lanterna LED alimentada por pilhas de moedas**: Fazer uma lanterna com LEDs alimentados por pilhas de moedas para criar iluminação portátil, aprendendo sobre pilhas e eletricidade.

39. **Instrumento Musical Eletrónico**: Construir um mini instrumento musical eletrónico utilizando botões, resistências e um altifalante para tocar diferentes notas musicais, explorando a música e os circuitos.

40. **Despertador eletrónico**: Criar um despertador simples utilizando LEDs e um

circuito de temporizador para mostrar e fazer soar alarmes a horas definidas, aprendendo sobre cronometragem e circuitos.

41. **Crachá LED arco-íris**: Construir um crachá com LEDs RGB que apresentem diferentes cores e padrões, aprendendo sobre a mistura de cores e a programação de LEDs.

42. **Robô que segue a luz**: Construir um robô que segue a luz utilizando um sensor de luz, um motor e rodas para explorar a deteção de luz e a robótica básica.

43. **Jogo de dados eletrónico com visor**: Crie um jogo de dados eletrónico com LEDs e um visor digital para lançar e apresentar números aleatórios, combinando a eletrónica com o jogo e a contagem.

44. **Construir um circuito paralelo com lâmpadas**: Criar um circuito com várias lâmpadas ligadas em paralelo para compreender como a eletricidade flui e afecta a luminosidade.

45. **Marcador de livros com circuito de papel**: Faça um marcador de livros com LEDs e fita de cobre para se iluminar quando colocado num livro, combinando criatividade com circuitos básicos.

46. **Lanterna manual**: Construir uma lanterna alimentada por um gerador de manivela manual para aprender sobre a conversão de energia e a produção de luz.

47. **Pisca-pisca LED alimentado por condensador**: Construir um circuito com um condensador e um LED para criar um efeito de luz intermitente, explorando os condensadores e a temporização do circuito.

48. **Esculturas eléctricas de massa de brincar**: Utilize massa de brincar condutora e LEDs para criar esculturas que se iluminam quando os circuitos são completados, explorando a condutividade e a criatividade.

49. **Construir um termómetro eletrónico**: Criar um termómetro utilizando um sensor de temperatura e um ecrã LCD para medir e apresentar as alterações de temperatura.

50. **Ventoinha** movida **a** energia **solar**: Construir uma pequena ventoinha alimentada por um painel solar para compreender a conversão e o movimento da energia solar.

51. **Modelo de sinal de trânsito com LEDs**: Construir um modelo de um sinal de trânsito utilizando LEDs e um microcontrolador para simular sequências de semáforos.

52. **Jogo Eletrónico Simples**: Criar um jogo eletrónico básico utilizando botões, LEDs e um microcontrolador para jogar jogos interactivos simples.

53. **Alarme ativado por luz**: Construir um circuito de alarme que soa quando é detectada luz, utilizando um sensor de luz e uma campainha, explorando a deteção de luz e os circuitos.

54. **Jogo de dados eletrónico com efeitos sonoros**: Crie um jogo de dados com LEDs e um altifalante para reproduzir sons e apresentar números aleatórios, combinando a eletrónica com os jogos.

55. **Metrónomo eletrónico**: Construa um metrónomo utilizando LEDs ou um visor para manter o tempo com batidas ajustáveis por minuto, aprendendo sobre o tempo e o ritmo.

56. **Carregador de energia solar**: Construir um pequeno carregador solar utilizando um painel solar e uma bateria para carregar pequenos aparelhos electrónicos, explorando as aplicações da energia solar.

57. **Origami iluminado**: Crie formas de origami com LEDs e fita condutora para se iluminarem quando dobradas, combinando arte com eletrónica básica.

58. **Placa de circuito simples**: Conceber e montar uma placa de circuito básico com componentes como resistências, LEDs e interruptores para aprender sobre conceção e montagem de circuitos.

59. **Campainha eletrónica**: Crie uma campainha com um botão, um altifalante e uma pilha para soar quando premida, aprendendo sobre interruptores e circuitos.

60. **Transmissor de rádio FM**: Construir um kit simples de transmissor de rádio FM para transmitir e ouvir o som num recetor de rádio próximo.

61. **Construir uma bomba de água alimentada por energia solar**: Construir uma pequena bomba de água alimentada por um painel solar para demonstrar a energia solar em aplicações práticas.

62. **Código Morse Eletrónico (Chaveiro)**: Criar um dispositivo com uma chave e um sinal sonoro para transmitir e descodificar mensagens em código Morse, aprendendo sobre comunicação e circuitos.

[O código Morse é um método utilizado nas telecomunicações para codificar caracteres de texto como sequências normalizadas de duas durações de sinal diferentes, denominadas pontos e traços. O código Morse deve o seu nome a Samuel Morse, um dos primeiros criadores do sistema adotado para a

telegrafia eléctrica]

63. **Lâmpada LED que muda de cor**: Construa uma lâmpada com LEDs RGB que mudam de cor utilizando um microcontrolador ou um interrutor para explorar a mistura de cores e os efeitos de iluminação.

64. **Sensor eletrónico de humidade do solo**: Construir um circuito com sensores para medir os níveis de humidade do solo e indicar quando é necessário regar, explorando os cuidados com as plantas e a eletrónica.

65. **Rolo de dados eletrónico**: Crie um rolo de dados com LEDs ou um ecrã digital para simular o lançamento de dados para jogos e aprender sobre probabilidade.

66. **Painel Solar de Seguimento da Luz**: Constrói um painel solar que segue a luz utilizando motores e sensores para maximizar a absorção de energia solar.

67. **Comedouro eletrónico para animais de estimação**: Crie um alimentador automático para animais de estimação com um temporizador e um motor para distribuir a comida em intervalos definidos, combinando a eletrónica com os cuidados com os animais de estimação.

68. **Caixa de puzzles eletrónica**: Construa uma caixa de puzzles com botões e LEDs que se abrem quando são resolvidos, combinando a resolução de problemas com a eletrónica.

69. **Alarme eletrónico para casas de pássaros**: Criar uma casa de pássaros com sensores e LEDs para detetar e assinalar a atividade dos pássaros, aprendendo sobre sensores e alarmes.

70. **Lanterna LED alimentada por condensador**: Construir uma lanterna alimentada por um condensador para aprender sobre armazenamento e descarga de energia.

71. **Estação meteorológica eletrónica**: Construir uma estação meteorológica com sensores de temperatura, humidade e pressão barométrica para monitorizar e apresentar as condições meteorológicas.

72. **Contador Geiger eletrónico**: Criar um contador Geiger simples utilizando um sensor de radiação e um ecrã para detetar e medir os níveis de radiação.

75. **Máquina de arte giratória eletrónica**: Construa uma máquina de arte giratória com motores e LEDs para criar desenhos coloridos, combinando arte com eletrónica.

76. **Jogo de dados eletrónico com visor**: Crie um jogo de dados com LEDs e um visor digital para lançar e apresentar números aleatórios, combinando a eletrónica com o jogo e a contagem.

77. **Luz nocturna com sensor**: Construir uma luz nocturna com LEDs que se liga automaticamente quando escurece utilizando um sensor de luz, aprendendo sobre sensores e automação.

78. **Despertador eletrónico**: Criar um despertador simples utilizando LEDs e um circuito de temporizador para mostrar e fazer soar alarmes a horas definidas, aprendendo sobre cronometragem e circuitos.

79. **Construir um badalo ativado por som**: Construir um circuito com um microfone e um LED que se acende quando detecta um som, explorando as ondas sonoras e os circuitos.

80. **Piano eletrónico de brinquedo**: Criar um mini piano eletrónico utilizando botões, resistências e um altifalante para tocar diferentes notas musicais, explorando a música e os circuitos.

81. **Transmissor de Código Morse**: Construir um dispositivo com uma campainha e um botão para transmitir e descodificar mensagens em código Morse, aprendendo sobre comunicação e circuitos.

82. **Medidor eletrónico de temperatura**: Construir um medidor de temperatura com um sensor e LEDs para mostrar cores diferentes com base nas mudanças de temperatura, explorando a deteção de temperatura e os circuitos.

83. **Máquina de arte giratória eletrónica**: Criar uma máquina de arte giratória com motores e LEDs para criar desenhos coloridos, combinando arte com eletrónica.

84. **Construir um recetor de rádio FM simples**: Montar um kit básico de recetor de rádio FM para ouvir estações de rádio e compreender como os rádios recebem e processam sinais.

85. **Pisca-pisca LED alimentado por condensador**: Criar um circuito com um condensador e um LED para criar um efeito de luz intermitente, explorando os condensadores e a temporização do circuito.

86. **Construir um gerador de manivela manual**: Construir um gerador alimentado por manivela manual para produzir eletricidade e acender LEDs, aprendendo sobre a conversão de energia.

87. **Testador de pilhas de moedas**: Construir um circuito com um LED para testar a tensão de diferentes pilhas de moedas, aprendendo sobre pilhas e

eletricidade.

88. **Jogo da Condutividade da Eletricidade**: Criar um jogo utilizando fios, LEDs e materiais condutores para completar circuitos e acender LEDs tocando em peças condutoras.

89. **Carro de brincar movido a energia solar**: Construir um carro de brincar utilizando um pequeno painel solar, um motor e rodas para explorar a energia solar e o movimento.

90. **Lanterna LED com brilho ajustável**: Criar uma lanterna com LEDs e resistências para ajustar os níveis de brilho, aprendendo sobre LEDs e resistências.

91. **Alarme simples contra roubo**: Construir um alarme contra roubo utilizando um sensor e uma campainha que soa quando é detectado movimento, aprendendo sobre sistemas e circuitos de segurança.

92. **Quadro de perguntas eletrónico**: Crie um quadro de quiz com LEDs e botões que se acendem quando a resposta correta é premida, combinando a eletrónica com quizzes de aprendizagem.

93. **Carregador solar**: Construir um pequeno carregador solar utilizando um painel solar e uma bateria para carregar pequenos aparelhos electrónicos, explorando as aplicações da energia solar.

94. **Modelo de semáforo LED**: Construir um modelo de um semáforo utilizando LEDs e resistências para simular sinais de trânsito e aprender sobre segurança rodoviária.

95. **Jogo eletrónico com fio de zumbido**: Crie um jogo de fios eléctricos

utilizando um laço de arame e uma campainha para desafiar os jogadores a moverem o laço ao longo do fio sem lhe tocarem, aprendendo sobre circuitos e coordenação.

96. **Origami iluminado**: Crie formas de origami com LEDs e fita condutora para se iluminarem quando dobradas, combinando arte com eletrónica básica.

97. **Pad de bateria eletrónico simples**: Criar um pad de bateria com botões e um altifalante para reproduzir sons de bateria, explorando a música e os circuitos.

98. **Caixa de puzzles eletrónica**: Construa uma caixa de puzzles com botões e LEDs que se abrem quando são resolvidos, combinando a resolução de problemas com a eletrónica.

99. **Comedouro eletrónico para animais de estimação**: Crie um alimentador automático para animais de estimação com um temporizador e um motor para distribuir a comida em intervalos definidos, combinando a eletrónica com os cuidados com os animais de estimação.

100. **Jogo eletrónico de lançamento de moedas**: Construa um jogo de lançamento de moedas com LEDs e um microcontrolador para simular o lançamento de uma moeda e mostrar cara ou coroa.

101. **Sistema eletrónico de rega de plantas**: Crie um sistema com sensores e uma bomba para regar automaticamente as plantas com base nos níveis de humidade do solo, combinando a jardinagem com a eletrónica.

102. **Cronómetro eletrónico simples**: Construa um cronómetro com LEDs ou um visor digital para fazer a contagem decrescente e assinalar o fim do tempo, aprendendo sobre cronometragem e circuitos.

103. **Estação meteorológica eletrónica**: Criar uma estação meteorológica com sensores de temperatura, humidade e pressão barométrica para monitorizar e apresentar as condições meteorológicas.

104. **Campainha eletrónica simples**: Construir uma campainha com um botão, um altifalante e uma pilha para soar quando premida, aprendendo sobre interruptores e circuitos.

105. **Jarra eletrónica de pirilampos**: Criar um frasco com LEDs que simulem pirilampos a acender e a apagar, explorando os efeitos e circuitos dos LEDs.

106. **Detetor de movimentos eletrónico**: Construir um detetor de movimentos com um sensor e um indicador LED

para detetar movimentos e iluminar-se, aprendendo sobre sensores e sistemas de segurança.

107. **Máquina de arte giratória eletrónica**: Construa uma máquina de arte giratória com motores e LEDs para criar desenhos coloridos, combinando arte com eletrónica.

108. **Jogo eletrónico Whack-a-Mole**: Crie um jogo com LEDs e botões para jogar um jogo virtual de Whack-a-Mole, combinando jogos com eletrónica e coordenação.

109. **Braço de robô eletrónico simples**: Construir um braço de robô utilizando motores, engrenagens e interruptores para aprender sobre robótica básica e movimento mecânico.

110. **Classificador eletrónico de moedas**: Criar um classificador de moedas utilizando sensores e motores para classificar automaticamente as moedas por tamanho ou denominação, aprendendo sobre sensores e mecanismos

de classificação.

111. **Rolo de dados eletrónico com visor**: Construa um rolo de dados com LEDs e um ecrã digital para simular o lançamento de dados para jogos e aprender sobre probabilidade.

112. **Jogo eletrónico com temporizador de reação**: Crie um jogo de temporizador de reação com LEDs ou um ecrã para medir e apresentar tempos de reação, combinando temporização e jogo.

113. **Mudança de voz eletrónica**: Construir um circuito de mudança de voz com um microfone e um altifalante para modificar e amplificar vozes, explorando efeitos sonoros e circuitos.

114. **Máquina de Pinball Eletrónica**: Construir uma máquina de pinball em miniatura com para-choques, flippers e LEDs para simular um jogo de pinball, combinando a mecânica com a eletrónica.

Referências

[1] Nilsson, J. W., & Riedel, S. A. "Electric Circuits," Prentice Hall, 10ª ed., 2014.

[2] Hughes, E., Hiley, J., Brown, K., & Smith, I. M. "Electrical and Electronic Technology," Pearson, 12ª ed., 2016.

[3] Bird, J. "Electrical Circuit Theory and Technology", Routledge, 5ª ed., 2014.

[4] Hambley, A. R. "Electrical Engineering: Principles & Applications", Pearson, 6ª ed., Lisboa,

2 013.

[5] Dorf, R. C., & Svoboda, J. A. "Introduction to Electric Circuits," Wiley, 9ª ed., 2013.

[6] Alexander, C. K., & Sadiku, M. N. O. "Fundamentals of Electric Circuits," McGraw-Hill Education, 6ª ed., 2016.

[7] Thomas, R. E., Rosa, A., & Toussaint, G. "The Analysis and Design of Linear Circuits," Wiley, 7ª ed., 2011.

[8] Horowitz, P., & Hill, W. "The Art of Electronics," Cambridge University Press, 3ª ed., 2015.

[9] Boylestad, R. L., & Nashelsky, L. "Electronic Devices and Circuit Theory," Pearson, 11ª ed., 2012.

[10] Grob, B., & Schultz, M. E. "Basic Electronics," McGraw-Hill Education, 12ª ed., 2012.

[11] Floyd, T. L. "Principles of Electric Circuits: Conventional Current Version",

Prentice Hall, 9ª ed., 2010.

[12] Malvino, A. P., & Bates, D. J. "Electronic Principles," McGraw-Hill Education, 8ª ed., 2015.

[13] Sedra, A. S., & Smith, K. C. "Microelectronic Circuits," Oxford University Press, 7th ed.,

2 014.

[14] Boylestad, R. L. "Introductory Circuit Analysis," Pearson, 13ª ed., 2015.

[15] Hughes, E. "Electrical and Electronic Technology," Pearson, 12ª ed., 2016.

[16] Thomas, R. E., Rosa, A., & Toussaint, G. "The Analysis and Design of Linear Circuits," Wiley, 7ª ed., 2011.

[17] Meade, R., & Diffenderfer, R. "Foundations of Electronics," Cengage Learning, 6ª ed., 2011.

[18] Hughes, E. "Electrical and Electronic Technology," Pearson Education, 10ª ed., 2008.

[19] Boylestad, R. L., & Nashelsky, L. "Electronic Devices and Circuit Theory," Pearson, 11ª ed., 2012.

[20] Horowitz, P., & Hill, W. "The Art of Electronics," Cambridge University Press, 3ª ed.,

2 015.

[21] Sedra, A. S., & Smith, K. C. "Microelectronic Circuits," Oxford University Press, 7th ed.,

2 014.

[22] Malvino, A. P., & Bates, D. J. "Electronic Principles," McGraw-Hill

Education, 8th ed.,

2 015.

[23] Finkelstein, L., & Wey, B. "Electric Circuits and Network Theory," Springer, 1990.

[24] Kaplan, M. H. "Modern Engineering: Physics for Engineers and Scientists", Wiley, 1979.

[25] Horenstein, M. N. "Design Concepts for Engineers," Prentice Hall, 5ª ed., 2016.

[26] Scherz, P., & Monk, S. "Practical Electronics for Inventors," McGraw-Hill Education, 4ª ed., 2016.

[27] Boylestad, R. L., & Nashelsky, L. "Electronic Devices and Circuit Theory," Pearson, 11ª ed., 2012.

[28] Horowitz, P., & Hill, W. "The Art of Electronics," Cambridge University Press, 3ª ed., 2015.

[29] Malvino, A. P., & Bates, D. J. "Electronic Principles," McGraw-Hill Education, 8ª ed., 2015.

[30] Millman, J., & Halkias, C. C. "Electronic Devices and Circuits," McGraw-Hill Education, 2ª ed., 2007.

[31] Boylestad, R. L., & Nashelsky, L. "Electronic Devices and Circuit Theory," Pearson, 11ª ed., 2012.

[32] Sedra, A. S., & Smith, K. C. "Microelectronic Circuits," Oxford University Press, 7th ed.,

2 014.

[33] Millman, J., & Grabel, A. "Microelectronics," McGraw-Hill, 2ª ed., 1987.

[34] Scherz, P., & Monk, S. "Practical Electronics for Inventors," McGraw-Hill Education, 4ª ed., 2016.

[35] Sedra, A. S., & Smith, K. C. "Microelectronic Circuits," Oxford University Press, 7th ed.,

2 014.

[36] Grob, B., & Schultz, M. E. "Basic Electronics," McGraw-Hill Education, 12ª ed., 2012.

[37] Malvino, A. P., & Bates, D. J. "Electronic Principles," McGraw-Hill Education, 8th ed.,

2 015.

[38] Floyd, T. L. "Principles of Electric Circuits: Conventional Current Version", Prentice Hall, 9ª ed., 2010.

[39] Linden, D., & Reddy, T. B. "Handbook of Batteries," McGraw-Hill, 4ª ed., 2010.

[40] Crompton, T. R. "Battery Reference Book", Newnes, 3ª ed., 2000.

[41] Dell, R. M., & Rand, D. A. J. "Understanding Batteries," Royal Society of Chemistry, 2001.

[42] Scrosati, B. "Applications of Electroactive Polymers", Chapman & Hall, 1993.

[43] Aylmer-Kelly, A. "Batteries: Types, Characteristics and Uses", Nova Science Publishers, 2013.

[44] Monk, S. "Hacking Electronics: Learning Electronics with Arduino and

Raspberry Pi", McGraw-Hill Education, 2.ª ed., 2017.

[45] Platt, C. "Make: Electronics: Learning Through Discovery", Maker Media, 2ª ed., 2015.

[46] Bates, M. "Arduino Programming for Beginners," CreateSpace Independent Publishing Platform, 2017.

[47] Earls, A. "Getting Started with Electronics", Maker Media, 2014.

[48] Ball, S. R. "Analog Interfacing to Embedded Microprocessor Systems", Newnes, 2ª ed., 2004.

[49] Associação de Normas do IEEE. "Norma IEEE para ligações de fios eléctricos", IEEE, 2011.

[50] Fink, D. G., & Christiansen, R. M. "Electronics Engineers' Handbook," McGraw-Hill, 5ª ed., 2011.

[51] Floyd, T. L. "Principles of Electric Circuits: Conventional Current Version", Prentice Hall, 9ª ed., 2010.

[52] Alexander, C. K., & Sadiku, M. N. O. "Fundamentals of Electric Circuits," McGraw-Hill Education, 6ª ed., 2016.

[53] Meade, R., & Diffenderfer, R. "Foundations of Electronics," Cengage Learning, 6ª ed., 2011.

[54] Hughes, E. "Electrical and Electronic Technology," Pearson Education, 10ª ed., 2008.

[55] Jones, D. S. "Electric Motors and Drives: Fundamentals, Types and Applications", Newnes, 4ª ed., 2013.

[56] Faiz, J., & Ebrahimi, B. M. "Electrical Machines with MATLAB," CRC

Press, 2001.

[57] Sen, P. C. "Principles of Electric Machines and Power Electronics," Wiley, 3ª ed., 2013.

[58] Chapman, S. J. "Electric Machinery Fundamentals," McGraw-Hill Education, 5ª ed., 2011.

[59] Jones, D. S. "Electric Motors and Drives: Fundamentals, Types and Applications", Newnes, 4ª ed., 2013.

[60] Mott, R. L. "Applied Fluid Mechanics," Prentice Hall, 7ª ed., 2014.

[61] H. S. Warren, "Earthing of Electrical Installations," Butterworth-Heinemann, 2014.

[62] Associação de Normas IEEE, "Norma IEEE para a segurança eléctrica no local de trabalho", IEEE, 2018.

Incentivar a curiosidade

Fazer perguntas é uma óptima maneira de aprender mais sobre o mundo que nos rodeia. As perguntas para todos pensarem e aprenderem coisas novas são as seguintes,

- O que achas que acontece dentro de uma lâmpada quando a acendes?
- Porque é que acham que precisam de interruptores para as nossas luzes?
- Consegues lembrar-te de alguma coisa em casa que utilize pilhas?
- O que achas que acontece dentro de um televisor quando carregas no botão de ligar?
- Como é que achas que uma campainha faz um som quando alguém a carrega?
- Porque é que achas que se usam fichas para ligar coisas às paredes?
- Como achas que um telecomando ajuda a mudar de canal numa televisão?
- Porque é que achas que há botões diferentes num forno micro-ondas?
- Consegues adivinhar como é que a buzina de um carro faz um barulho forte?
- Como é que achas que um relógio sabe que horas são?
- O que achas que acontece dentro de um telefone quando alguém te liga?
- Porque é que achas que tens cores de tinta diferentes?
- Como é que achas que uma máquina fotográfica tira fotografias?
- Consegue adivinhar como é que um frigorífico mantém a nossa comida fria?
- O que achas que acontece dentro de uma máquina de lavar roupa quando lavas a roupa?
- Como é que achas que um afia-lápis torna um lápis pontiagudo?
- Porque é que acha que se usam fechos de correr nos casacos e nas malas?
- Consegues adivinhar como é que uma torneira de água abre e fecha a

água?

- Como é que achas que uma bicicleta se move quando pedalas?
- Porque é que achas que tens sapatos de tamanhos diferentes?
- O que achas que acontece dentro de um computador quando jogas jogos nele?
- Como achas que um aspirador recolhe a sujidade do chão?
- Porque é que achas que existem diferentes formas de bolachas?
- Consegues adivinhar como é que um instrumento musical produz sons, como um piano ou uma guitarra?
- Como é que achas que um papagaio se mantém no céu quando o empurras?
- O que achas que acontece dentro de um liquidificador quando fazes batidos?
- Porque é que achas que existem diferentes tipos de plantas e flores?
- Como é que achas que um semáforo muda de cor para dizer aos carros quando devem parar e avançar?
- Consegues adivinhar como é que um balão se enche de ar quando sopramos nele?
- Como achas que um espelho reflecte o nosso reflexo quando olhamos para ele?
- O que achas que acontece dentro de um livro quando viras as páginas para ler?
- Porque é que achas que há estações diferentes, como o verão e o inverno?
- Consegues adivinhar como é que uma bússola nos ajuda a encontrar direcções, como o norte e o sul?
- Como é que achas que um microfone torna a nossa voz mais alta quando falamos para ele?
- O que achas que acontece dentro de uma casa de pássaros quando os pássaros vêm visitar-nos?
- Porque é que achas que há animais diferentes, como cães e gatos?
- Como é que um íman se fixa em objectos metálicos como a porta de um

frigorífico?

- Consegues adivinhar como é que uma lanterna se acende quando a ligas?
- Como é que achas que uma bola de basquetebol salta quando a driblamos no chão?
- O que achas que acontece dentro de um brinquedo musical quando lhe damos corda para tocar música?
- Porque é que achas que há diferentes tipos de nuvens no céu?
- Como é que achas que uma bússola nos ajuda a encontrar direcções, como o norte e o sul?
- Consegues adivinhar como é que uma máquina fotográfica tira fotografias?
- Como é que achas que um afia-lápis torna um lápis pontiagudo?

Printed by Books on Demand GmbH, Norderstedt / Germany